大学
物理实验
DaXueWuLiShiYan

主编 刘延利 张晓红
主审 王蕴珊

山东科学技术出版社

前　言

　　《大学物理实验》是高等院校的一门重要基础科学实践课程，对于培养和提高学生的科学素养和实践动手能力具有重要的作用。《大学物理实验》课程是对理工类学生进行科学实验基本训练的一门独立的必修基础课程，是学生进入大学后受到系统实验方法和实验技能训练的开端，是理工科类各专业（非物理类）对学生进行科学实验训练的重要基础。本课程按照循序渐进的原则，通过物理实验知识、方法和技能的训练，使学生了解科学实验的主要过程与基本方法，为今后的学习和工作奠定良好的实验基础。

　　物理实验课覆盖面广，具有丰富的实验思想、方法、手段，同时能提供综合性很强的基本实验技能训练，在培养学生严谨的治学态度、活跃的创新意识、理论联系实际和适应科技发展的综合应用能力等方面，具有其他实践类课程不可替代的作用。

　　本教材分为"理论基础"和"普通物理实验"两大部分。"理论基础"部分由测量及测量误差、有效数字及有关处理、随机误差、系统误差和粗大误差、实验结果的处理和表示等五章，以及三个实验组成。"普通物理实验"部分由基础实验、综合性实验和设计性实验组成。

　　1. 基础性实验：主要强调学习基本物理量的测量、基本实验仪器的使用、基本实验技能和基本测量方法、误差与不确定度及数据处理的理论与方法等，此类实验为适应各专业的普及性实验。

　　2. 综合性实验：是指在同一个实验中涉及力学、热学、电磁学、光学、近代物理学等多个知识领域，综合应用多种方法和技术的实验。此类实验的目的是巩固学生在基础性实验阶段的学习成果、开阔学生的眼界和思路,提高学生对实验方法和实验技术的综合运用能力。

3. 设计性实验:根据给定的实验题目、要求和实验条件,由学生自己设计方案并基本独立地完成全过程的实验。

全书由刘延利、张晓红主编,山东大学马文采教授主审。在教材编写过程中,参考了一些其他院校的实验教材,得到了许多从事实验教学工作的教师的大力支持,在此表示衷心地感谢。本教材难免有不妥之处,恳请读者批评指正。

第一部分 理论基础

第一章 测量及测量误差 (3)
§1-1 关于测量的一些概念 (3)
§1-2 测量误差 (4)

第二章 有效数字及有关处理 (13)
§2-1 有效数字及其修约 (13)
§2-2 数据的有关运算及有效数字的截取 (15)

第三章 随机误差 (18)
§3-1 随机误差的分布 (18)
§3-2 随机误差参数的实验估计值 (21)

第四章 系统误差、粗大误差 (23)
§4-1 系统误差及其处理 (23)
§4-2 粗大误差及其处理 (27)
§4-3 间接测量误差的传递 (27)

第五章 实验结果的处理和表示 (31)
§5-1 列表法 (31)
§5-2 图示法 (31)
§5-3 逐差法 (36)
§5-4 回归分析 (37)

实验一 随机误差统计规律 (44)
实验二 固体密度的测定 (50)
实验三 伏特计—安培法测电阻 (53)

第二部分 普通物理实验

第一章 基础实验 ………………………………………………… (61)
实验一 杨氏弹性模量的测定 …………………………… (61)
实验二 液体黏滞系数测定 ……………………………… (67)
实验三 液体表面张力系数的测定 ……………………… (71)
实验四 刚体转动惯量的测定 …………………………… (76)
实验五 弹簧倔强系数和有效质量的测定 ……………… (81)
实验六 固体导热系数的测定 …………………………… (85)
实验七 热敏电阻温度系数的测定 ……………………… (91)
实验八 导体电阻率的测定 ……………………………… (96)
实验九 衍射光栅测波长 ………………………………… (102)
实验十 密立根油滴实验(仿真实验) …………………… (111)
实验十一 用谐振子测量重力加速度 …………………… (117)
实验十二 示波器的原理与使用(仿真实验) …………… (122)
第二章 综合性实验 ……………………………………………… (126)
实验十三 电路故障分析 ………………………………… (126)
实验十四 霍尔元件测磁场 ……………………………… (136)
实验十五 迈克尔逊干涉仪实验(仿真实验) …………… (144)
实验十六 等厚干涉 ……………………………………… (149)
实验十七 光的偏振特性的研究 ………………………… (154)
实验十八 碰撞和动量守恒(仿真实验) ………………… (161)
第三章 设计性实验 ……………………………………………… (165)
实验十九 弹簧振子周期公式的研究 …………………… (171)
实验二十 制作简易万用电表 …………………………… (175)
实验二十一 声速的测量 ………………………………… (179)
附表 ………………………………………………………………… (184)

第一部分

理论基础

第一篇

西洋音樂

第一章 测量及测量误差

§1-1 关于测量的一些概念

对客观事物进行探索、认知、研究和检验等，就要对其进行观测和测量，并给出尽可能恰当和精确的描述。

以确定量值为目的的一组操作即为测量。测量就是要获得被测系统可测量的量，即可描述现象、物体或物质的可以定性区别和定量确定的属性。实质上，测量过程是一种实验，即将被测的"量"与量器的单位量相比较的过程。所测得的量值可由一个数乘以计量单位来表示。

测量方法可依测量方式、精度和被测物状态等进行分类。如按数据处理方式不同可分为：直接测量、间接测量和组合测量；按测量的精度不同又可分为：等精度测量与非等精度测量；还有诸如：绝对测量和相对测量；单项测量与综合测量；接触测量与非接触测量；主动测量与被动测量；静态测量与动态测量等等。

由于测量方法、测量仪器、环境条件及测量者的局限性等因素的限制，除了计数测量之外，一般的测量都不可避免地存在误差。所以，在实际测量中不应一味追求高精确度，而是要依据实际情况和具体要求设计，并实施最佳的测量方案。

由测量所得的赋予被测量的值，即为测量结果。由于测量误差的存在，测量结果应包括测量误差的说明，有的还要给出置信概率的评价。

§1-2 测量误差

一、测量误差

1. 误差

测量误差可简称为误差,即测量结果减去被测量的真值。记某被测量 X 的测得值为 x,其真值为 a,则误差 δ 为:

$$\delta = x - a \tag{1-1}$$

上述误差与被测量的单位相同,所以也称为绝对误差。

2. 真值

真值是与给定的特定量的定义一致的量值。

被测量的真值是客观存在的,可由完善的测量获得。但通常完善的测量是不存在的,则被测量的真值也是不可测得的。所谓可知的真值是指"理论真值"和"计量学约定真值"。像理论设计值、理论公式表达值等就是理论真值,如:三角形的内角之和为 $180°$,理想的 LC 回路中电压与电流位相差为 $90°$ 等等,都是理论真值。认为是特定量的,有时是约定所取的值为约定真值,约定真值有时称为"指定值、最佳估计值、约定值或标准值"。实际问题中常将对一个量的多次测量结果用以确定约定真值,它也可以是由参考计量标准所复现的赋予的量值、由权威机构推荐的常数、已修正过的被测量的算术平均值等。可见,约定真值就给定目的而言,具有相当的不确定性。

3. 测量不确定度

由于测量的不完善性,被测量的真值不可测得,则测量误差也不可得。所以,通过实验或测量,对所得的有限多的测量数据等信息进行处理、计算,只能给出被测量的最佳估计值和测量误差的实验估计值,也就是只能对被测量真值及其不确定范围做出近似估计。所以,实际上我们测不出、也算不出误差,但却可以算出测量不确定度。

◆ 二、误差的来源

误差的来源可归纳为以下几个方面：

1. 仪器、装置误差

标准器误差：标准器是提供某个被测参数标准量值的器具。如标准电池提供电势的标准数值；标准电阻提供标准阻值等等。这些标准器提供的约定真值仍存在误差，一般用于测量的仪器需用标准器进行分度或校验，显然，标准器的误差必会传给测量仪器。

仪器误差：用于参数测量的仪器、仪表无论设计得多么完善，制造得多么精密，终究会有不足之处，使仪器、仪表性能不够完善，从而产生误差。同时，仪器在使用过程中因磨损、老化、零点漂移等也会产生误差。

附件误差：附件是指保证仪器、仪表正常工作所需的附属器件。如连接导线、切换开关、电源等。附件的质量问题、使用不当等原因也会引起误差。在实际工作中，附件的影响易被忽视。

2. 测量环境误差

环境因素的变化引起仪器示值的变化，由此产生的测量误差称为环境误差。如环境温度的改变会使仪器的工作受到影响；电磁干扰、外力冲击与震动等使仪器表示值改变。此外还有湿度、大气压力、重力加速度的变化等因素。

3. 测量方法误差

测量方法误差是指测量原理、测量方法及计算方法不完善或不合理等原因引起的误差。这类误差普遍存在于测量中。如对测量数据进行处理时数学模型的近似性和公式中各系数的近似性带来的误差。测量方法误差可能比仪器误差大得多，对此应有足够的重视。

4. 人员误差

人员误差是由测量人员素质条件而引起的误差。如：人类自身生理功能的局限性、责任心和技术业务水平上的欠缺、分辨力有限、反应迟缓、以及一些不利的固有习惯等都会导致误差的产生。

三、三类误差

根据误差的性质和表现形式不同,可将误差分为系统误差、随机误差和粗大误差三类,它们也被称为误差的三个分量。

1. 系统误差

在重复测量条件下对同一被测量进行无限多次测量结果的平均值减去被测量的真值,即为系统误差。

系统误差是在同一被测量的多次测量过程中,保持恒定或以可以预知方式变化的测量误差的分量。按其变化规律,系统误差又可分为两种:① 定值系统误差:即量值恒定的系统误差。如用天平称量,标准砝码误差引起的测量误差。② 变值系统误差:其量值以确定的、并且通常是已知的规律随某些测量条件变化的系统误差。如随温度周期性变化引起的温度附加误差。

在测量前和测量过程中,应首先注意消除或减小系统误差,尤其是定值系统误差。另外,由于影响测量的因素或误差来源的复杂性,系统误差的产生是不可能或不易于完全知道的,因而完全消减系统误差也是不可能的。即使是完全已知的系统误差,若消除它需付出的代价太高时,根据实际要求消减到可忽略的程度即可。

2. 随机误差

测量结果减去在重复条件下对同一被测量进行无限多次测量结果的平均值,即为随机误差。显然测量结果含有随机误差和系统误差,而无穷多次测量结果的平均值已不含随机误差分量了,所以二者之差即为随机误差。

随机误差是在同一量的多次测量过程中,以不可预知的方式变化的误差分量。在每一次的测量中,其数值是随机的,但进行多次重复测量时,随机误差就会明显的呈现出服从一定的统计规律的性质来。因此可用统计方法估计其对测量结果的影响,通常是用标准差来表征随机误差的。在实际测量中测量次数总是有限的,因而得到的应是标准差的实验估计值。

随机误差存在于一切测量中,主要由一些随机性因素引起。由于不存在理想的测量,因而随机误差是必然存在的,只能通过改进测量在一定程度上减小随机误差。

3. 粗大误差

明显超出规定条件下预期的误差即为粗大误差。

粗大误差的量值大都明显偏大,是统计的异常值。粗大误差可能产生于:错误读取示值;使用有缺陷的计量器具或不正确地使用计量器具;环境条件突然变化或突发的干扰等。

对粗大误差首先应正确的判定,然后按一定的规则予以剔除。

四、测量的精密度、正确度和准确度

在测量中常用于表达测量结果优劣的名词有:测量的精密度、正确度和准确度。

1. 精密度

表示测量结果中随机误差大小的程度,简称精度。它是指在规定条件下对被测量进行多次测量时,所得结果之间符合的程度。精密度高则各次测得值彼此接近,测得值分散性小;反之,则分散性大。

2. 正确度

表示测量结果中系统误差大小的程度。

测量正确度反映了在规定条件下,测量结果中所有系统误差的综合。正确度高表示测得值接近真值,即系统误差小;反之,表示测得值偏离真值程度大。

3. 准确度

表示测量结果与被测真值之间的一致程度。

准确度是一个定性的概念,反映了测量结果中系统误差和随机误差的综合。准确度高,表示精密度和正确度皆高,二者中只要有一个低,则准确度就低。

五、误差的表示形式

误差用绝对误差和相对误差两种形式表示。前面的系统误差、随机误差和粗大误差都有各自的绝对表示形式和相对表示形式。

1. 绝对误差

前述(1-1)式的误差 $\delta = x - a$ 即为绝对表示形式。在实际测

量中,因为被测量的真值不可得,而多次重复测量的算术平均值(记为$\bar{x}$)是可得的,则引入剩余误差:

$$v_i = x_i - \bar{x} \qquad (1-2)$$

其中x_i是被测量X的第i次测得值,v_i就是第i次测量的剩余误差。显然v_i是可得的,并也是绝对形式的误差。

2. 相对误差

测量误差除以被测量的真值即为相对误差,记为r

$$r = \frac{\delta}{a} = \frac{x-a}{a} \qquad (1-3)$$

相对误差可正可负,是无量纲的,一般用百分数表示。

因为真值a不可测得,实际上常用约定真值替代a,如用多次重复测量的算术平均值$\bar{x}$替代a,则相对误差为

$$r = \frac{x - \bar{x}}{\bar{x}} \qquad (1-4)$$

也称其为实用相对误差。

评价测量结果的优劣,尤其是在不同的测量之间进行时,采用绝对误差是不合适的,应用相对误差才能合理评价。例如在测量工具、人员等测量条件相同的情况下,对两个长度进行测量:一个长约为1 m,测量绝对误差不超过2 mm;另一个约为100 m,绝对误差不超过5 cm。可见后者的绝对误差远大于前者,但二者的相对误差可估算为$r_1 \leqslant 0.2\%$,$r_2 \leqslant 0.05\%$,显而易见后者的测量比前者要好得多。

◆ 六、测量仪器的引用误差

1. 测量仪器的示值误差

测量仪器的示值与被测量真值之差即为示值误差。记示值误差为x,真值为a,则示值误差为

$$\delta = x - a \qquad (1-5)$$

实际测量中,用约定真值替代被测量的真值。示值误差可正可负,也是绝对误差形式。如某量器的容量标称值为1 000 ml,而其实际容量为1 005 ml(即约定真值,可由高等级的量器测得),则示值误差$\delta = 1\,000 - 1\,005 = -5$ ml,即该量器的标称值偏小了5 ml。

2. 引用误差

测量仪器的示值误差除以该仪器的特定值,即为测量仪器的引用误差。

其中的特定值也称为引用值,记为 A。例如 A 可以是测量仪器的量程值或标称范围的限值。如一支温度计,标称范围为 $0\sim100℃$,则其 $A=100℃$;若标称范围为 $10\sim100℃$,则 $A=100℃-10℃=90℃$。

记引用误差为 R,则

$$R=\frac{\delta}{A}\times100\% \qquad (1-6)$$

式中 $\delta=x-a$ 为示值误差。R 可正可负,为相对误差。

例:用标称范围为 $0\sim150\ \text{V}$ 的电压表测某电压时,读得示值为 $100.0\ \text{V}$,被测电压实际值应是 $99.4\ \text{V}$。试计算电压表的引用误差。

解:$A=150\ \text{V}, \delta=100.0\ \text{V}-99.4\ \text{V}$,

$$\therefore R=\frac{\delta}{A}\times100\%=\frac{100.0-99.4}{150}\times100\%=0.4\%$$

特别指出:此测量的相对误差为

$$r=\frac{100.0-99.4}{99.4}\times100\%=0.6\%$$

可见 R 与 r 是不同的,请勿混淆。

3. 基本误差

测量仪器在标准条件下所具有的误差即为基本误差。其中标准条件是指:为测量仪器性能实验而规定的使用条件或为测量结果相互对比而规定的使用条件。

测量仪器的基本误差又称为固有误差,记为 R_m。它用仪器的最大引用误差表示:

$$R_m=\left|\frac{\delta_{\max}}{A}\right|\times100\% \qquad (1-7)$$

其中 $\delta_{\max}$ 是最大示值误差,R_m 只取正值。R_m 是计量仪器在规定的正常工作条件下所具有的质量指标之一。

4. 允许误差

在技术标准、计量检定规程等技术规范上所规定的允许误差的极限值即为允许误差。

显然,测量仪器的基本误差不得超过该允许误差极限值。所以,也可以用仪器的基本误差作为其允许误差的大小。

5. 准确度等级(或级别)

准确度等级是指符合一定的计量要求,使误差保持在规定极限以内的测量仪器的等级或级别。

许多测量仪器都可以按其允许误差大小划分准确度等级。为保证其不超出允许误差,对于仪器的每个级别都应有计量特性和使用该仪器时标准工作条件的规定。

记仪表的准确度等级为 s,国家标准规定工业用仪表的准确度等级有七个

s	0.1	0.2	0.5	1.0	1.5	2.5	5.0

对于具体的仪表,可以用其允许误差确定 s,即去掉允许误差的正负号和百分号后,所剩的数字即可作为该仪器的准确度等级。如某仪表的允许误差为 $\pm 1.5\%$,则该仪表的等级 $s=1.5$。再如某仪表的基本误差即引用误差限为 R_m,因 R_m 可作为允许误差,则可确定 $s=100R_m$;或知仪表的特定值 A,最大示值误差 $\delta_{\max}$,则

$$R_m = \left|\frac{\delta_{\max}}{A}\right| \times 100\%, \qquad \therefore s = 100\left|\frac{\delta_{\max}}{A}\right|。$$

例如:一压力表的测量范围为 $0\sim 25$ MPa,准确度等级为 1.5。现有检定数据如表所示,试计算该压力表的基本误差,并判断其是否合格。

压力(MPa)	2	4	6	8	10	12	14	16	18	20
压力表示值(MPa)	2.2	3.9	5.8	8.1	9.6	11.7	13.9	16.1	18.1	19.9

解:压力表的特定值为:$A=25$ MPa

最大值误差为:$\delta_{\max}=9.6-10=-0.4$(MPa)

基本误差：$R_m = \left|\dfrac{\delta_{\max}}{A}\right| \times 100\% = \dfrac{0.4}{25} \times 100\% = 1.6\%$

则仪表的等级：$S = 100 R_m = 1.6 > 1.5$

显然，该表不合格。按国家标准此压力表只能定为 2.5 级。

或由该表标称的准确度等级为 1.5，则可知允许误差为 ±1.5%，由检定数据等算出 $R_m = 1.6\% > 1.5\%$，所以该表不合格。

另外 $\because S = 100|\delta_{\max}|/A$，$\therefore |\delta_{\max}| = \dfrac{A \times s}{100}$。测量相对误差 $r = \dfrac{|\delta|}{\bar{x}} \leqslant \dfrac{|\delta_{\max}|}{\bar{x}} = \dfrac{A}{\bar{x}} \times s\%$。对一定的仪表，其 A 和 s 为定值，显然测得值 $\bar{x} < A$。若选取仪表合适的测量挡，使测量值尽可能趋近满量程值。即：使 $\bar{x} \to A$，则可降低测量的相对误差，从而提高测量的精确度。故使用仪表测量时，应尽可能在其满刻度值的 2/3 以上（至少也要在 1/2 以上）的测量范围内使用。

在测量中，误差必然存在，人们总是在一定的要求下尽量减小测量误差，以提高测量的可靠性。众所周知，减小误差、提高测量结果的准确度往往比实现测量方案、取得测量结果要困难得多。因此对误差理论的学习、研究和应用就愈发显得重要。通过对测量误差的分析，可帮助人们认识误差的性质及产生根源，以便在测量中采取相应措施来减小、抵偿甚至消除误差。误差理论能指导人们正确选用测量原理和方法，合理制定测量方案，正确选择和设计测量器具，达到以最经济的投入获得最可靠的测量结果的目的。随着科学技术的发展，对测量不断提出了更高准确度的要求，问题的解决亦需借助于误差理论，因此可以讲，误差理论促进了科学技术的发展。

习 题

1. 被测量的真值往往是不可得的，通常所谓的可知真值指的是什么？

2. 根据测量误差的性质和表现形式不同，可将误差分成几类？阐述其名称、定义及特征。

3. 测量误差可表示为什么形式？合理地评价测量结果的优劣采用什么形式的误差？

4. 怎样区别测量的精密度、正确度和准确度？

5. 什么是测量仪器的示值误差、引用误差、基本误差和允许误差？

6. 准确度等级为 0.1，量程为 10 A 的电流表，经检定，最大示值误差出现在 3 A 处，其值为 8 mA，问此表是否合格？

第二章 有效数字及有关处理

数据处理就是对实验或测量数据按照科学合理的规则和方法进行分析、整理、计算,并尽可能减小测量过程中误差的影响,以给出最佳的结果表示或找出实验规律来。本章主要就大学物理实验中涉及的有效数字数据处理问题作一简单介绍。

§2-1 有效数字及其修约

一、有效数字

通常,数字可分为两类:一类为完全准确数字,这类数字的有效位数应认为是无限多的。象纯数学计算的结果,如 π、1/3 等;或像清点人数、统计产品件数等,这些数字都是准确数字,其位数可以根据需要取多少位表示都是有效的。另一类则是有效位数有限多的数字,称为有效数字。其有效位数要受诸如测量仪器的精度、获取数据的理论依据、技术水平等因素的限制。所以通常的测量数据应属于有效数字范畴。

有效数字是由自左向右从首个不为零的数字起,至最末位数字止的全部数字构成。除最末一位数字为不确切值或可疑值外,其他数字皆为确切值。实验中测量数据一定要用有效数字表示,应取最末

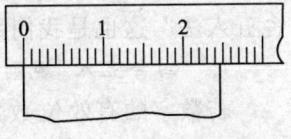

图 2-1 测量长度

位数字为存在误差的数位。如用以刻度示值的测量器具时,被测量的有效数字的正确读取方法为:最小刻度值的整倍数值为确切值,欠准数字可由最小刻度值的 1/10、或 1/5、或 1/2 的整倍值读

出,在我们的大学物理实验中要求估读最小刻度的 1/10。若测量仪器为数字显示型的,则被测量的有效数字由仪器直接读出,其最末位数字为欠准数字。如图 2-1 所示的长度测量,若读取数据为 2.45 cm,则为三位有效数字,其中 2.4 为准确数字,最末位的 5 是欠准数字,为估读出的,该数字的读取会因人而异,但相差不应太大,如不应超过 0.5 mm。

一个有效数字的位数不能因选用单位的不同而变化。如测得某电流强度为 2.0 A,其有效位数为 2,若以 mA 为单位写成 2 000 mA,则是错误的。应取科学计数法表示有效数字,上例应写成 2.0×10^3 mA,有效位数仍为 2。

在实验中,对待数据应明确区分准确数与非准确数。如测得某直径为 D,由 $R=D/2$ 计算半径 R,显然其中的 2 为准确数,其有效位数无限多;而 D 为测得值是非准确数,其有效位数有限,则 R 也为有效数字有限多的非准确数。再如实验中需使用某些方程或公式,如质点自由落体运动规律:$y=1/2gt^2$,由于理论不可能是完善的,显然式中 1/2 的和 t 的幂指数 2 不是准确数字,但也绝不可认为二者仅有一位有效数字,至少它们的有效位数要高于测量时间 t 的有效位数,应用此公式才有意义。同理,式中的常量重力加速度 g 的有效位数也应高于测得值 t 的有效位数。

◆ 二、数字的修约

数字的修约也可称为数字的截取、化整等。进行数据处理必须作数字修约,数字修约规则有多种,此处只介绍常用的所谓"四舍五入法",这也是我们大学物理实验中规定采用的。

1."四舍五入"规则

若数字的有效位数为 N,需修约为 n 位($n<N$),或截取为 n 位,则称此 n 位数为保留数字;称第 $n+1$ 位及其之后的全部数字为舍去数字。"四舍五入"的规则:

当舍去数大于保留数第 n 个数位(即最末位)上的一个单位的 1/2 时或舍去数的第一位数大于 5、或等于 5 且其后的数字不全为零时保留数的最末位数字加 1,即:五上入。

当舍去数小于保留数第 n 个数位上的一个单位的 1/2 时,或舍去数的第一位数小于或等于 4 时,保留数不变,即:四下舍。

当舍去数等于保留数第 n 个数位上的一个单位的 1/2 时,或舍去数的第一位数为 5,其后的数字全为零时,则分两种情况进行舍入:保留数最末位是偶数时,保留数不变;保留数最末位是奇数时,则保留数最末位加 1,即:整五凑偶。

例如:将下表中各数字修约为三位有效数字,则:

数据	3.145 1	3.144 1	4.500 1	4.500 0	9.845 00	9.805 00	9.835 00
修约值	3.15	3.14	4.51	4.50	9.84	9.80	9.84
舍入类型	五上入	四下舍	五上入	四下舍	整五凑偶	整五凑偶	整五凑偶

2. 修约误差

对测量数据进行修约,必会带来修约误差。以采用四舍五入法修约规则为例,可见一次修约误差不会大于保留数最末位上一个单位的 1/2。有效数字的位数越多,则总的修约误差就愈趋近于零,也就愈不致形成系统误差。此处所说的修约次数多少,不是指对同一个数据一再地进行修约,而是对许多不同的数据及其各类和各步骤运算结果等进行修约。显然修约次数少,则不可忽略修约误差。

§ 2-2 数据的有关运算及有效数字的截取

◆ 一、有关运算中有效位数的截取

实验中常要对数据进行各种运算,则需要有一定的有效数字的取位规则。在此仅以某些初等运算为例介绍一种常用的规则(也是我们大学物理实验中规定采用的)。

数据有准确数与非准确数之分。准确数与准确数的运算结果仍为准确数;准确数与非准确数或非准确数与非准确数的运算结果为非准确数。

加减运算时以各参予运算的数字中有效数字末位数最大者为

准,其他参数皆比它多取一位数字;若参算数据较多时,也可比它多取二位数字。最终运算结果只保留一位非准确数字。

在乘除运算中,以有效位数最少的参算数为准,其他数字可比它多取一位数字,运算结果则可与它的有效数位相同。

乘方、开方、取对数运算时,结果应与参算数的有效位数相同。

若上述运算结果只是整体运算的中间结果时,其有效位数应比上述规定多取一位,以避免修约误差过大。

上述各种运算中,有效数字的取位规则都是在被处理的数据不多的情况下提出的。对于大量数据进行运算时,应用概率论及数理统计原理和方法进行。

◆ 二、测量误差的有效位数

对于测量误差或测量不确定度的有效位数的截取,只介绍一种规则,也是我们在大学物理实验中所采用的。考虑到我们的实验测量精确度不高等因素,为避免对测量误差估计不足,凡涉及对表征误差的数据进行修约时,皆采取只入不舍的原则处理。

(1) 相对误差:取二位有效数字。

(2) 绝对误差:可取一位或二位有效数字。一般情况下要求取一位有效数字,但在以下两种情况下,则要取二位有效数字:① 当绝对误差的有效数字为 1 时,又特别当第二位上是小数字时(如小于 4 时);② 当绝对误差的首位数字是大数字时(如是 9 时)。

在估算误差的过程中,对于各个中间结果,应比上述规定多取一位或二位有效数字,以保证最终结果的可靠合理性。由于计算机的普及应用,因中间结果多取有效数位而造成的运算量增大已不成问题,则我们完全可不考虑中间结果的取位问题。只需将原始数据输入计算机,最终结果只对其按要求取定有效位数即可。

◆ 三、测量结果表示及有效数字的取位问题

对于工程测量,一般都是单次测量。因测量精度较低,即使采取多次重复测量,往往测量结果都相同,因而工程测量反映不出测量误差的情况。所以工程测量结果就以单次测量值表示,其有效数字的位数只取一位非准确数字。

对于精密测量,都是进行多次重复测量。因而测量精确度较高。在物理实验中,我们常常采用多次重复测量的算术平均值 $\bar{y}$ 及其实验标准差 $\sigma_{\bar{y}}$,及相对误差 r 作为实验结果的最终表示:

$$\begin{cases} Y = \bar{y} \pm \sigma_{\bar{y}} \\ r = \dfrac{\sigma_{\bar{y}}}{\bar{y}} \end{cases} \qquad (2\text{-}1)$$

习 题

1. 将下述各测量数据修约为 3 位有效数字,并用科学计数法表示。

| 3.141 59 | 10.750 1 | 536.500 | 74 650 | 2.117 3 | 2 800 |

2. 用最小分格为 0.50℃ 的温度计测温度,有数据为:47.40℃、10.0℃、26.50℃、13.73℃。指出正确的读数。

3. 用游标卡尺(分度值为 0.02 mm)测长度,有数据为:4 000 mm、71.05 mm、52.6 mm、23.46 mm。指出正确的读数。

4. 用螺旋测微计(分度值为 0.01 mm)测长度,有数据为:0.46 cm、0.5 cm、0.317 cm、0.023 6 cm。指出正确的读数。

第三章 随机误差

§ 3-1 随机误差的分布

◆ 一、正态分布的随机误差的特性

1. 在一定的测量条件下,随机误差的绝对值不会超过一定的限值——有界性。
2. 在测量次数很大的情况下,绝对值相等的正负误差出现的机会相等——对称性。
3. 绝对值小的误差出现的机会比绝对值大的误差出现的机会大——单峰性。

如图 3-1 所示,其中 $f(\delta)$ 对应于随机误差 δ 出现的机会。显然:

$f(\delta) < f(0) \quad (\delta \neq 0)$

$f(\delta_i) = f(-\delta_i)$

$f(\pm \delta_i) > f(\pm \delta_j) \quad |\delta_i| < |\delta_j|$

$\lim\limits_{n \to \infty} \sum\limits_{i=1}^{n} \delta_i = 0 \quad \lim\limits_{n \to \infty} \sum\limits_{i \neq j}^{n} \delta_i \cdot \delta_j = 0$

$\lim\limits_{n \to \infty} \sum\limits_{i=1}^{n} \delta_{ij}^2 \neq 0$

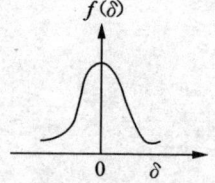

图 3-1 随机误差正态分布曲线

随机误差是由多种随机的、彼此等作用的微小的因素综合影响而产生的。一些影响因素被稳定在一定的水平上,但又随机性的小幅波动;另一些因素是未被控制的环境条件,作随机变化;还有测量仪器内部各种随机的细微变化等,它们的共同作用导致产

生了正态分布的随机误差。

若产生随机误差的影响因素较少,或在许多因素中,某个或某几个影响较大时,都会造成随机误差偏离正态分布特征,而表现为其他分布规律。

◆ **二、随机误差的经验分布曲线**

实际测量中,随机误差的分布是未知的,可以用有限多的测量数据分布曲线——称为经验分布曲线表示,从而估计随机误差的分布以及有关的其他信息。以下简单介绍用统计直方图作经验分布曲线的方法。

1. 有关的标记

记被测量为 X,其真值为 a。对 X 等精度重复测量 n 次,第 i 次测得值为 x_i(此处 x_i 应是无偏的,即不含系统误差,当然也应消除了粗大误差),随机误差为 $\delta_i = x_i - a, (i=1,2,3,\cdots\cdots,n)$。则有测量列 $\{x_i\}$ 和 $\{\delta_i\}$,也称其为容量为 n 的样本。显然测量列 $\{x_i\}$ 的算术平均值 $\bar{x} = \dfrac{1}{n}\sum\limits_{i=1}^{n}x_i$。记频数为:$m_i$,即测 X 为 x_i 值的次数,为正整数,且 $\sum\limits_{i}m_i = n$。记频率为:$f_i = \dfrac{m_i}{n}$,显然 $\sum\limits_{i}f_i = \dfrac{1}{n}\sum\limits_{i}m_i = 1$,在理论上当 $n \to \infty$ 时,$P_i = f_i$ 称为频率。记频率密度为:$y_i = \dfrac{f_i}{\Delta x} = \dfrac{1}{n}\dfrac{m_i}{\Delta x}$,即在 x_i 附近单位区间内的频率。其中的 Δx 可依据测量精度或测得值的间隔取,在允许的条件下,Δx 应尽量小些,且处处相同。在理论上 $n \to \infty$ 时,称 y_i 为概率密度。

2. 统计直方图

取平面直角坐标系,横轴为 x,纵轴为频率密度 y,如图 3-2 所示。对应测得值 x_i 的第 i 个小矩形:高为 y_i,宽为 $\Delta x_i = \dfrac{x_i - x_{i-1}}{2} + \dfrac{x_{i+1} - x_i}{2}(i=1,2,3,\cdots,n)$。一般 Δx_i 不一定相等,但为简便,我们取其为定值,记为 Δx。并尽可能使测量次数 n 足够大,测量精度尽可能高,即使 $\Delta x \to 0$,从而使小矩形极窄。小矩形的面积

$s_i = y_i^x \Delta x_i = f_i$,即为测 X 为 x_i 的频率。由测量数据 x_i 和 $y_i (i=1, 2, 3, \cdots, n)$ 可作出 n 个小矩形,从而得到统计直方图,如图 3-3。

若将横轴取为随机误差 δ,将图 3-3 中纵轴平移至 $x=a$ 处,即可得到随机误差的统计直方图。

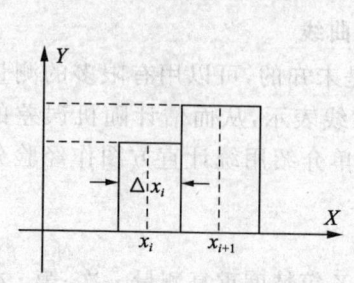

图 3-2　平面直角坐标系　　　图 3-3　统计直方图

3. 经验分布曲线

将直方图中各小矩形的中点相联接,即可得到相应的连续的经验分布曲线,即 $y=f(x)$ 或 $y=f(\delta)$。

显然,重复测量次数 n 越大,测量精确度越高,即 Δx 或 $\Delta \delta$ 越小则画出的曲线越光滑。实际测量中,测量精度有限,测量次数也不可能无穷多,得到的测量列 $\{x_i\}$ 或 $\{\delta_i\}$ 是离散的,有限多的,由此画出的经验分布曲线只能是真实分布规律的一个近似。

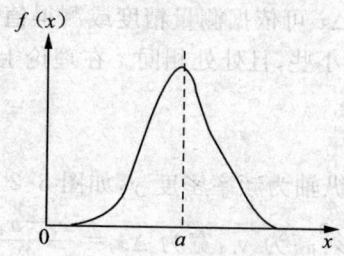 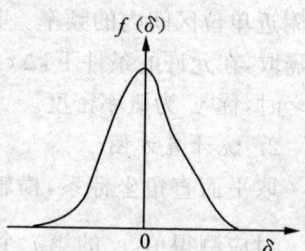

图 3-4　经验分布曲线

作出经验分布曲线后,与标准的分布曲线相比较,以判定分布类型。若测得值 x、随机误差 δ 服从正态分布,则绘出的曲线应如

图 3-4 所示。实际测量中,在许多情况下得到的经验分布曲线都会非常接近于正态分布。

§3-2 随机误差参数的实验估计值

因实际测量只能进行有限多次,获得有限个测得值,即得到一个有限容量的样本。由该样本估算上述参量,只能得到它们的实验估计值。

1. **数学期望的实验估计值**

对被测量 X 进行 n 次等精度重复测量,得测量列 $x_i(i=1,2,3,\cdots,n)$ 即得到一个容量为 n 的样本。则 X 的数学期望的实验估计值即为该样本的算术平均值:

$$\overline{x} = \frac{1}{n}\sum_{i=1}^{n} x_i \tag{3-1}$$

2. **标准差的实验估计值——实验标准差 σ_s**

实验标准差在不致混淆情况下,也简称为标准差。由测量列 $x_i(i=1,2,3,\cdots,n)$ 估算:

$$\sigma_s = \sqrt{\frac{1}{n}\sum_{i=1}^{n}\delta_i^2} = \sqrt{\frac{1}{n}\sum_{i=1}^{n}(x_i-a)^2} \tag{3-2}$$

因实际测量中,真值 a 不可得,则上式实用价值不大,为此找出以剩余误差 $v_i = x_i - \overline{x}(i=1,2,3,\cdots,n)$ 计算 σ_s 的表达式:

$$\sigma_s = \sqrt{\frac{1}{n-1}\sum_{i=1}^{n}v_i^2} = \sqrt{\frac{1}{n-1}\sum_{i=1}^{n}(x_i-\overline{x})^2} \tag{3-3}$$

上式就是著名的贝塞尔公式,是经常使用的重要公式之一。在实际测量中,可由无偏的测得值 $x_i(i=1,2,\cdots,n)$,求出算术平均值 $\overline{x}$,再代入贝塞尔公式就可算出表征随机误差的标准差的实验估计值 σ_s。显然用贝塞尔公式估算标准差,测量次数越大,效果越好;对于单次测量($n=1$)则不能用该式。

3. **算术平均值的实验标准差 $\sigma_{\overline{x}}$**

无偏测得值 x_i 是随机变量,其算术平均值 $\overline{x}$ 也是随机变量。

我们用 σ 表征 x_i 对真值 σ 的离散程度,同理可用 $\sigma_{\bar{x}}$ 表征 $\bar{x}$ 对 σ 的离散程度,显然 $\sigma_{\bar{x}}$ 比 σ(或 σ_s)要小,易推得 $\sigma_{\bar{x}}$ 或 $\sigma_{\bar{x}}$ 的实验估计值:

$$\sigma_{\bar{x}} = \sigma / \sqrt{n} \tag{3-4}$$

推导出:

$$\sigma_s = \frac{\sigma_s}{\sqrt{n}} = \sqrt{\frac{1}{n(n-1)} \sum_{i=1}^{n} (x_i - \bar{x})^2} \tag{3-5}$$

由贝塞尔公式可见,随测量次数 n 的增加,σ_s 越趋于稳定;而 $\sigma_{\bar{x}}$ 则随 n 增加而减小,即测量精度可随 n 增加而提高。

如图 3-5,取横坐标为测量次数 n,纵坐标为 $\sigma_{\bar{x}}/\sigma = 1/\sqrt{n}$,可见 $\sigma_{\bar{x}}$ 随 n 增大而非线性减小的关系。当测量次数超过 10 以后 $\sigma_{\bar{x}}$ 的下降已很缓慢了,这样只用提高测量次数的手段来提高测量精度的方法已不可取了。一般选 n 为 8 或 10

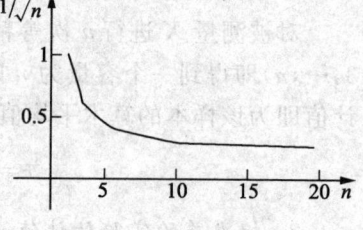

图 3-5 $1/\sqrt{n} - n$ 曲线

左右,欲进一步提高测量精度应从除测量次数以外的其他方面入手,使标准差减小,从而降低 $\sigma_{\bar{x}}$。

4. 单次测量时标准差的确定

实验中常会遇到被测量是动态的或变化的,尤其当这样的变化是不可逆的,则不可能对被测量进行多次重复测量。另外在对精密度无特别要求时,也不必进行多次重复测量。进行单次测量有时也需估算测量的标准差。我们知道对于单次测量不能用贝塞尔公式计算实验标准差。由式:$\sigma = \delta_{\lim}/k$ 可见:若能够得知被测量的误差限 $\delta_{\lim}$,并明确了相应的随机误差服从正态分布,可取 $k=3$;由分析或经验知测量误差不超过 Δ_m,即知误差限 $\delta_{\lim} = \Delta_m$,则可估计标准差为 $\sigma = \Delta_m/3$。

对于一般常用的测量器具,如米尺、游标卡尺、螺旋测微计、天平、秒表、温度计、电气仪表等,$\delta_{\lim}$ 可取为器具的精密度或最大误差值。对未标明的也可取最小刻度值或该值的适当倍数。

系统误差、粗大误差

§ 4-1 系统误差及其处理

系统误差：在重复性条件下，对同一被测量进行无限多次测量，测量结果的平均值与被测量的真值之差。系统误差被分为定值系统误差和变值系统误差。

通常在多数实验中，测量误差往往是以系统误差为主，而随机误差并不是主要的。对随机误差的分析和处理，已有较完善和系统的处理方法，但对系统误差的分析处理则远不如随机误差，常采用具体问题具体分析的方法。因此，对系统误差的分析处理更较复杂、更加重要。

对系统误差首先要发现判定之，然后设法尽量消减之。发现、消减系统误差的方法有多种，但总可以归结为两种途径：一是对测量的物理过程进行分析，检验是否存在系统误差，进而消减系统误差（即从产生根源上入手）；再就是对测量数据进行统计分析，检验是否存在系统误差，进而消减之。在实际测量中，产生系统误差的原因很复杂，往往难以明确判定，所以统计分析方法是经常采用的。

一、系统误差的发现方法简介

在较精密的测量中，首先应细致敏锐的查找产生系统误差的原因和变化规律，尤其是变值系统误差。否则它将会歪曲随机误差的分布规律，使人们不能正确地分析和估算随机误差。

1. 测量过程发现系统误差

在测量前和测量过程中，认真细致地分析产生系统误差的因素。例如进行实验或测量所采用的理论方法,是否因简化而产生不可忽略的系统误差;采用的测量器具的工作条件、性能和测量精确度是否符合要求;进行实验和测量的环境条件、人员条件是否符合要求等等。总之应根据测量要求,对各个有关要素一一分析检查,进而发现产生系统误差的原因。

2. 系统误差的统计分析判定法简介

(1) 对比检定法

在明确不存在显著的变值系统误差的前提下,要判断某一被测量是否存在定值系统误差,可改用更好的测量条件再进行一次检定性测量。即在上述两种不同测量条件下,对同一被测量分别进行次数相同的重复测量,求出两个算术平均值。因为两种不同测量条件的测量具有相同的系统误差的可能性极小,所以前述两个算术平均值之差即可作为待判测量中是否在定值系统误差的依据。

(2) 剩余误差观察法

如对物理量 X 等精度重复测量 n 次,得测量列和残差列 x_i, $v_i = x_i - \bar{x}(i=1,2,3,\cdots,n)$。可列表观察,如表 4-1 所示。

表 4-1 $\bar{x} = \dfrac{1}{n}\sum_{i=1}^{n} x_i$

i	1	2	3	…………	n
x_i				…………	
v_i				…………	

若发现 v_i 值除小幅随机波动外,还有整体性的变化,如递减、递增或周期性变化等,可判定该被测量存在系统误差。

也可以通过作 v_i-i 图观察,判定方法同与列表观察法。该法比列表法更直观形象。如图 4-1,由(a)图可判定存在(线性递增)变值系统误差;(b)图显示存在周期性变值系统误差;(c)图表明存在定值系统误差。

◆ 二、系统误差的消减

消减系统误差也应首先从产生根源上入手,在测量前尽量消减之,在测量过程中随时随地注意消减之。进一步在明确了系统误差存在的前提下,再从测量数据结果中予以消减。

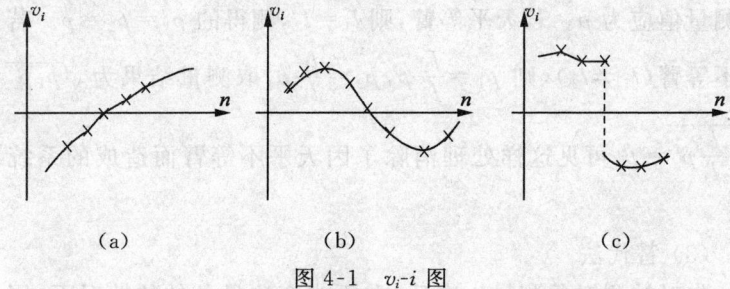

图 4-1　v_i-i 图

1. 从产生根源上消减系统误差

从产生根源上发现系统误差的原因后,应在可能或允许的条件下,采取针对性的措施消除或尽量减小这些因素的影响。

2. 在测量过程中或对测量数据处理中消减系统误差

(1) 抵消法

该法也称为"反向补偿法"

若被测量值应为 x,测量中存在定值系统误差 ε,进行两次测量,使其系统误差等量异号,即一次测得:$x_1 = x - \varepsilon$;另一次测得:$x_2 = x + \varepsilon$,取两次测得结果的平均值,即

$$(x_1 + x_2)/2 = x$$

可见消除了定值系统误差。

物理实验"霍尔效应测磁场"中,即采用抵消法消减系统误差。实验中使通过霍尔元件的电流和磁场取各自的正、反两个方向,则使附加在被测量霍尔电动势上的定值系统误差(即附加电动势)也随之取等量异号值,再取两次测得值的平均值作为测量结果,即消除了该定值系统误差。

(2) 交换法

交换法从本质上讲也属于抵消法。该法将测量中的某条件或状态(如被测对象的位置)相互交换,使产生系统误差的因素对两次测量的测得值起相反作用,然后求两次测得值的平均值,使系统误差被抵消。

以天平称量为例，一次测量完毕后，将被测物与砝码交换位置再测一次。记天平的两个臂长为 l_1 和 l_2；两次测得值为 p_1 和 p_2；被测量值应为 p。若天平等臂，则 $l_1=l_2$，测得的 $p_1=p_2=p$。若天平不等臂（$l_1\neq l_2$），则 $p_1=\dfrac{l_1}{l_2}p$，$p_2=\dfrac{l_2}{l_1}p$，取测量结果为 $\sqrt{p_1 p_2}=\sqrt{\dfrac{l_1 l_2}{l_2 l_1}p^2}=p$，可见这样处理消除了因天平不等臂而造成的系统误差。

（3）替代法

先对被测对象测量一次后，在不改变测量条件的情况下，用一个已知量的物体（如用一个标准量）代替被测对象，再测量一次，并保证第二次测量中相应的示值重现第一次测量的示值，则该标准量值即为被测量值。采用这种方法测量可消除系统误差。

例如用直流电桥测被测电阻之阻值 R_x，调解电桥中的可调节标准电阻 R_s，使电桥平衡，之后取一个精密电阻 R 替代被测电阻 R_x，只调节该精密电阻 R 的阻值，再使电桥平衡，则此时的 R 值即为被测电阻之阻值。

（4）对称法

对称法是消除线性变值系统误差的一种方法。

线性变值系统误差一般多随时间延续而呈线性变化，如随时间线性递增或递减的系统误差。实施对称法时，可将测量顺序就某一时刻对称地进行安排，再通过一定的计算，即可达到消除线性变值系统误差的目的。

（5）半周期法

半周期法可用以消减周期性变值系统误差。

周期性变值系统误差一般常出现在有圆周运动的情况中，多呈正弦形式，以 2π 为周期。因此可在相差半个周期的两点上，即在相距 $180°$ 的两个对径位置上，作两次测量，得两个测得值，再取其平均值，即可消除周期性变值系统误差，此方法与反向补偿法相似。

例如，在物理实验中，用分光计测光栅衍射光线的偏向角时，就采用了半周期法来消减因仪器度盘偏心而造成的周期性系统误差。即对准某级被测衍射光线,由分光计的度盘读出其衍射角度值,同时再从相距 180°的对径位置上读出另一角度值,对二者取适当的平均值作为该衍射光线的衍射角度值,这样操作即可消除度盘偏心带来的周期性系统误差。

各种发现和消减系统误差的方法都具有较强的针对性,都是些经验型的、具体的处理方法。在实用中务必具体分析对待,务必考虑效益性,切忌轻率性和盲目性。

§4-2　粗大误差及其处理

粗大误差是明显超出规定条件预期的误差。它可能来源于测量条件和环境突变、人员的非主观意识的疏忽等等,这些突变或疏忽等应是不可预知的、非人为的,否则应在测量前或测量过程中随时除去因它们带来的影响。如在较精密的静态测量中,突然发生较强的振动,使测量数据随之明显的不合理,则应舍弃该数据。再如测量某温度值时,若使用的温度计最小刻度为 0.5℃,则可估读到 0.05℃,显然用其测量温度测得值应是 0.05℃ 的整数倍值。如某测量数据最末位数字不是 0 或是 5,该数据必为错值,应除去。

在测量中应尽量避免产生粗大误差。尤其是单次测量,因单次测量没有粗大误差的判定剔除标准可用。虽然粗大误差是统计异常值,往往明显偏大,但绝不能不加分析的将偏离预期值较大的测量数据都统统视为粗大误差,而轻率的剔除。

处理粗大误差有多种统计方法,如奈尔准则、格拉布斯准则、狄克逊准则、偏峰度检验法、肖维列准则等等。这已超出我们的学习范围,在此就不再一一介绍。有兴趣的同学可参阅相关的资料了解一下。

§4-3　间接测量误差的传递

前边介绍的数据处理方法都是针对直接测量的,在实际工作中大多数测量都是间接测量。间接测量法是通过测量与被测量有函数关系的其他量,才能得到被测量值的测量方法。如:通过测量矩形的边长,得到矩形的面积;通过测量某导体圆棒的长度、直径和电阻值,从而确定其电阻率等都是间接测量。其中长度、直径和电阻值都是直接测量量,而面积、电阻率是间接测量量。

进行间接测量首先应明确直接测量量与间接测量量的函数关系。间接测量误差的传递,就是要解决由直接测得值及其误差求得间接测得值的误差的问题。

误差的类型不同,求间接测量值误差的方法也不同。本节介绍常用的定值系统误差的传递和随机误差的传递。

一、定值系统误差的传递

1. 间接测量值的系统误差

设有 m 个直接测量值 $x_1, x_2, x_3, \cdots\cdots, x_j, \cdots x_m$;$x_j$ 的定值系统误差为 $\varepsilon_j (j=1,2,3,\cdots,m)$;间接测量量 $y=(x_1, x_2, x_3, \cdots, x_m)$;间接测得值的定值系统误差为 ε_y。显然

$$\varepsilon_y = y_{测} - y = f(x_1+\varepsilon_1 \cdot x_2+\varepsilon_2 \cdots x_m+\varepsilon_m) - f(x_1 \cdot x_2 \cdots x_j \cdots x_m)$$

求 y 的全微分

$$d_y = \frac{\partial f}{\partial x_1}dx_1 + \frac{\partial f}{\partial x_2}dx_2 + \cdots + \frac{\partial f}{\partial x_j}dx_j + \cdots + \frac{\partial f}{\partial x_m}dx_m \tag{4-1}$$

因误差 ε_y 和 $\varepsilon_j (j=1,2,3,\cdots,m)$ 都是小量,则可用它们分别代替上式中的微分 d_y 和 d_{x_j},则有

$$\varepsilon_y = \sum_{j=1}^{m} \frac{\partial f}{\partial x_j}\varepsilon_j \tag{4-2}$$

上式即为定值系统误差的传递公式。其中的"$\frac{\partial f}{\partial x_j}$"称为误差传递系数,即各 ε_j 传递到总的定值系统误差 ε_y 中的传递比,一般它们仍是 $x_j(j=1,2,3,\cdots,m)$ 的函数,当函数关系确定,并得到直接测量量的测值后,传递系数是确定值。式(4-2)中的 $\frac{\partial f}{\partial x_j}$ 和 $\varepsilon_j (j=1,2,3,\cdots,m)$ 均可正、可负,由该式估算间接测量量的最大定值

系统误差时,应为 $(\varepsilon_y)_{\max} = \sum_{j=1}^{m} \left| \frac{\partial f}{\partial x_j} \varepsilon_j \right|$

若对各直接测量量多次重复测量,得 $\overline{x_j}$ 和 $\overline{\varepsilon_j}(j=1,2,3,\cdots,m)$,则间接测量值 $\overline{y}$ 及其定值系统误差 $\overline{\varepsilon_y}$ 为

$$\overline{y} = f(\overline{x_1}\ \overline{x_2}\ \overline{x_3}\cdots\overline{x_j}\cdots\overline{x_m})$$

$$\overline{\varepsilon_y} = \sum_{j=1}^{m} \left(\frac{\partial f}{\partial x_j}\right)_{\overline{x_j}} \cdot \overline{\varepsilon_j} \tag{4-3}$$

2. 测量结果的修正

记修定了定值系统误差的间接测量值为 y,因 $\varepsilon_y = y_{测} - y$,则 $y = y_{测} - \varepsilon_y$,即

$$y = y_{测} + (-\varepsilon_y) \tag{4-4}$$

称 "$-\varepsilon_y$" 为 y 的定值系统误差修正值;$y_{测} = f(\{x_{j测}\})$,通常给出的测量结果表示中的被测量的测得值,都应是修正了可修正的系统误差后的量值。

◆ 二、随机误差的传递

随机误差用标准差 σ 或 $k\sigma(k>1)$ 表征,所以随机误差的传递也即标准差的传递。估算间接测得值的标准差是在对直接测量量进行多次重复测量,且测得值已消除了粗大误差和可消除的系统误差的前提下进行的。为简单只介绍等精度测量中随机误差的传递。

设有 m 个直接测量值 $x_1,x_2,x_3,\cdots\cdots,x_j,\cdots x_m$。对每个 x_j 重复测 n 次,得无偏的测得值 $x_{ji}(j=1,2,3,\cdots,m;i=1,2,3,\cdots,n)$ 及:

$\overline{x_1},\overline{x_2},\overline{x_j},\cdots,\overline{x_m}$。其中:$\overline{x_j} = \frac{1}{n}\sum_{i=1}^{n} x_{ji}$

$\sigma_1,\sigma_2,\cdots,\sigma_j,\cdots,\sigma_m$。其中:$\sigma_j = \sqrt{\frac{1}{n}\sum_{i=1}^{n}(x_{ji}-a_j)^2}$　a_j 为 x_j 的真值

知间接测量量 $y=(x_1,x_2,x_3,\cdots,x_m)$,记其标准差为 ε_y。

1. 间接测量量的标准差

当各直接测量量 x_j 互相独立,且对其测量次数 n 足够大时,

$$\sigma_y = \sqrt{\sum_{i=1}^{m}\left(\frac{\partial f}{\partial x_j}\right)^2 \sigma_j^2} \tag{4-5}$$

其中 $\left(\frac{\partial f}{\partial x_j}\right)^2$ 仍是 $x_1, x_2, x_3, x_j, \cdots, x_m$ 的函数,估算时应将测得值 $\overline{x}_1, \overline{x}_2, \overline{x}_j, \cdots, \overline{x}_m$ 代入 $\left(\frac{\partial f}{\partial x_j}\right)^2$ 中,式中的 σ_j 为 x_j 的标准差,估算 σ_y 时取 σ_j 为 x_j 的实验标准差,仍记为 σ_j,即

$$\sigma_j^2 = \frac{1}{n-1}\sum_{i=1}^{n}(x_{ji}-\overline{x}_j)^2$$

2. 间接测得值及其标准差

间接测得值 y 由下式估算

$$\overline{y} = f(\overline{x}_1, \overline{x}_2, \overline{x}_j, \cdots, \overline{x}_m) \tag{4-6}$$

一般不是由 $\overline{y} = \frac{1}{n}(y_1 + y_2 + \cdots + y_i + \cdots + y_n)$ 计算。

间接测量结果表示为 $y = \overline{y} \pm \sigma_{\overline{y}}$,其中 $\sigma_{\overline{y}}$ 为 $\overline{y}$ 的标准差,即

$$\sigma_{\overline{y}} = \sqrt{\sum_{i=1}^{n}\left(\frac{\partial f}{\partial x_j}\right)^2 (\sigma_{\overline{x}_j})^2} \tag{4-7}$$

式中: $\sigma_{\overline{x}_j}^2 = \sigma_j^2 / n$

相对误差为 $r = \frac{\sigma_{\overline{y}}}{\overline{y}} = \sqrt{\sum_{i=1}^{n}\left(\frac{\partial f}{\partial x_j}\right)^2 \left(\frac{\sigma_{\overline{x}_j}}{\overline{y}}\right)^2} \tag{4-8}$

显然 $\sigma_{\overline{y}} = \overline{y}r$。在许多实际计算中,往往相对误差表达式较简单易算,所以我们常常先计算相对误差 $r = \sigma_{\overline{y}}/\overline{y}$,之后再由 $\sigma_{\overline{y}} = \overline{y}r$ 估算间接测量量的标准差。

习 题

1. 何谓系统误差?系统误差可分为哪两类?

2. 系统误差的发现、消减方法可归为哪两种途径?试举几种发现和消减系统误差的方法。

3. 何谓粗大误差?产生粗大误差的原因是什么?如何处理粗大误差?

实验结果的处理和表示

通过实验可获得一系列数据和具体的测量结果,为了达到实验研究的预期目的,就必须对所有数据、信息等进行科学的处理,并最终给出精确的、合理的实验结果。对实验数据的处理是实验研究工作的重要内容之一。从广义的理解,前边各章节中大多数内容都属于数据处理的范畴,本章在此基础上再进一步介绍其他有关内容。

常用的实验结果处理和表示法有:列表法、图示法和方程表示法。

§5-1 列表法

列表法是指将实验中的测量数据、计算结果及实验最终结果等,依一定的形式和顺序列成表格,来表征实验结果的方法。表格的设计应根据实验的预期目的和内容,合理地确定其规格和形式,使之具有明确的名称、标题;能突出表示重要数据和计算结果;有清楚的分项栏目、必要的说明和备注等。

列表法简单易行,易于数据的参考比较,易于发现问题,形式紧凑,条理清晰。但在对数据变化趋势的表现上不如图示法直观明了,当然,列表法还有诸如不便表明计算处理方法和过程的缺陷等等。

§5-2 图示法

图示法是在选定合适的坐标纸上取合理的坐标系,再根据实验数据绘出相应的几何图形来表示实验结果的方法。图示法的优点是：数据变化趋势表现的形象、直观，易于观察分析之用；另外还可在图形上利用图解法求解若干待求的未知量等。图示法的缺点有：对于三个和三个以上变量的情况则难以表示，在绘制图形时难免引入一定程度的人为因素等等。

◆ 一、作图的基本方法

1. 整理数据

对于等精度重复测量的数据，应先剔除粗大误差，对已掌握的系统误差予以修正，估算出被测量值，给出测量误差的估计值或不确定度值。若是工程测量，更应特别注意在测量中消除粗大误差并进行系统误差的修正。全部的数据都应当用合理的有效数字表示。另外，对于动态测量中测量数据变化较大或较复杂的情况，为防止作图的盲目性，应适当密集测量点，即多测一些数据，这样既可提高作图的正确性，还有可能发现新的问题或新的规律等。

2. 定标与分度

首先要根据需要和易于表达并方便适用的原则，选择合适的坐标纸。常用的有直角坐标纸、单对数坐标纸、极坐标纸等。在坐标纸上画出坐标轴及其方向，每个坐标轴代表的物理量都应当用其符号表明，并注上单位。通常以横轴表示自变量，纵轴表示因变量。一般在轴上等间隔的标出一系列数字，如每隔5个最小格或每隔10个最小格标一下，所标的数字应简单易读，且一般不是测量数据，这称为标度。标度的大小应与测量的精度相对应，一般应取图纸的最小格对应于所示量值的有效数字最末的可靠位。例如欲标度温度：测量所用的温度计的最小刻度为0.5℃，则应取坐标纸的最小格值也为0.5℃。在同一个坐标系中，不同的坐标轴的格值不必相同，坐标原点也不必一定取零，要根据实际情况确定。对于侧重于定性表示实验结果或规律的情况，可从构图需要出发，适当定标、确定坐标系原点值，以使画出的图线位置合适，并能合理充满画面等。另外，为了绘图及使用方便，取格值为1、2、4、5较好，应避免取格值为3、6、7、9等数字。

3. 作散点图

根据标度值,用符号:＋、×、⊗等标出各个以实验数据为坐标值的实验点来,应使实验点准确地落在所用的符号中心上。如需在同一个坐标系中图示几个实验的数据或规律,则应采用不同的符号表示不同的实验,以避免混淆;或者虽然是同一个实验,但却是在不同的测量条件下进行了若干个不同的测量过程,若需在同一个坐标系中图示时,也应选用不同的符号表示之。对于精密的测量,还应在作图中反映出测得值的误差评定或测量不确定度。

4. 作拟合线

依据散点划出的直线或曲线,称为"拟合曲线"。注意线条的粗细应能反映测量数据的精度,应使线粗不超过图纸最小格的1/10。因为经过修正的实验数据仍会存在或大或小的随机误差,则在绘制光滑的拟合线时,不应刻意追求使尽可能多的实验点落在线上,而应先行对全部散点进行全面的观察和分析,从而合理地确定拟合线的走向,然后画线时再注意尽可能靠近各个散点,并使散点尽可能相对于拟合线整体性的对称分布。在拟合过程中,对奇异点的处理应特别慎重,如应考虑在奇异点附近是否存在极值;是否有特殊的变化等。另外,在某些特殊的情况下,采用一系列直线段将全部散点连接起来,这样得到的拟合线为一条折线。例如在数据量较少,对各点之间变量的变化条件不需要考虑的情况下;或测量数据为准确数时,如统计人数或产品的件数时,都可以用折线表示因变量随自变量变化的趋势。

5. 注解说明

在图的上方或下方部位写出图线的名称,还要根据图形的用途和需要注以必要的解释和说明,如图形代表的意义、数据的来源、数据处理所用公式、引用资料的编号、制图条件、时间及地点、查阅和使用图形的方法等等。

◆ 二、图解法

依据实验数据得到拟合曲线后,可由图线求出某些未知量,这就是图解法的工作。

例如，通过作图法得到一条直线，如图 5-1 所示。则可写出变量 x 与 y 的线性方程为

$$y = ax + b$$

显然，图中直线的斜率即为方程中的 a；截距为方程中的 b。a 和 b 的求解步骤如下：

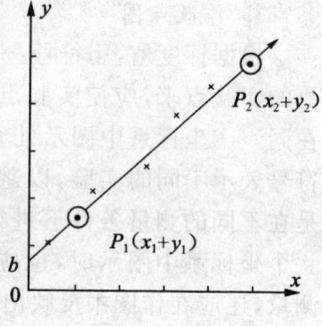

图 5-1 拟合曲线

(1) 选点：在直线上取出两点 P_1 和 P_2，应当用与实验点不同的符号标出 P_1 点和 P_2 点，并写出二者的坐标值，即 $P_1(x_1, y_1)$ 和 $P_2(x_2, y_2)$，P_1 和 P_2 两点一般不应取成实验点，而且在不超出实验点的范围的前提下，两点尽量分开得远些。

(2) 计算：用点 P_1 和点 P_2 的坐标计算直线的斜率和截距，即为方程的参数 a 和 b，即：

$$a = \frac{y_2 - y_1}{x_2 - x_1}$$

$$b = y_1 - \frac{y_2 - y_1}{x_2 - x_1} x_1$$

也可以直接从图上读出截距来。

◆ 三、曲线改直法、特殊坐标纸的使用

1. 曲线改直

若所涉及的两个变量之间存在非线性关系，则在直角坐标纸上依据实验数据作出的拟合线必为曲线。与直线相比，曲线拟合较难，人为的主观随意性较强，以至对拟合精度的影响也较大，进一步若需进行图解时也会很麻烦。可以先作变量代换，使经过处理后的新变量之间为线性关系，用实验数据算出经代换后新变量的数值，根据这些数据就可以在直角坐标纸上作出表征新变量之间线性关系的直线来，这就是曲线改直的过程。

记自变量为 x，因变量为 y，a、b、c 等为常量，举例如下：

(1) $y = a/x$：作代换，令 $z = 1/x$，则线性方程为 $y = az$。以 z

和 y 为变量,通过拟合可得到一条直线。

(2) $y=ax^b$:可令 $z=x^b$,则线性方程为 $y=az$。对 z 和 y 两变量仍可得到拟合曲线。

(3) $y=ae^x+b$:可令 $z=e^x$,则线性方程为 $y=az+b$。对 z 和 y 可得拟合直线。

也可取 $\ln(y-b)=\ln a+x$,令 $z=\ln(y-b)$,则线性方程为 $z=\ln a+x$,以 x 为自变量,z 为因变量,也可拟合出一条直线来。

2. 特殊坐标纸的使用

象单对数坐标纸、双对数坐标纸、极坐标纸等都是特殊坐标纸。

如对数坐标纸,其分格是不均等的。其标度 1、2、3、……、9 为一个级,如第一级的第 3 格之位置是按 lg3(或 ln3)的比例标度的;如第二级的第 3 格则是表征 lg30(或 ln30)的位置,依此类推。单对数坐标纸中,只有一个方向是按对数值比例分格的,另一方向上则是均等分格的。用对数坐标纸图示对数函数是极方便的,如对 $\lg x$,可直接在坐标轴上找到 x 点,则该处就是 $\lg x$ 的位置。利用对数坐标纸还可以曲线改直。

极坐标纸是在纸平面上一系列同心圆线上以 360 进行分格,作为角度标度。并以极轴自零度逆时针旋转表示角度增加;极轴则用作表示角度的函数或表示不同角位置上的物理量的数值。

◆ 四、提高拟合精度方法简介

数据经处理后,仍会因随机误差和较复杂的变值系统误差的存在,使实验数据具有一定程度的弥散性,用这些数据标出的散点也必呈现一定的分散状,因此会增大拟合曲线的不确定度。为提高曲线的精度,可采用分组平均法、剩余误差修正法等,前边介绍的曲线改直法也是一种简便易行的方法。在此只介绍分组平均法。

记所涉及的变量为 x 和 y,二者的关系为 $y=f(x)$。自变量最好是可忽略其测量误差的,或是在实验之前就对其划定了测取数据间隔的。根据测量顺序或根据测得值的大小适当分组,如测得值为 $x_1,x_2,x_3,\cdots,x_n,\cdots,x_N$ 及 $y_1,y_2,y_3,\cdots,y_n,\cdots,y_N$(其中:

$y_n = f(x_n)$, $n=1,2,3,\cdots,N$)。根据需要将这些数据分为 M 组（$M<N$），计算各组的平均值 $\bar{x}_m$ 和 $\bar{y}_m$（$m=1,2,3,\cdots,M$）。以 M 对分组平均值 $\bar{x}_m$，$\bar{y}_m$ 作为 M 个散点的坐标值，作出散点图，最后再作出拟合曲线。

在进行数据分组时，应以提高拟合精度为原则，如对变化大、数据多的区间，分成的组数应多些，即在此类区间多做些散点。而每个分组中的数据量可以互不相同，但一定要按测量顺序或数值大小排列。并尽量使每个分组内的数据接近线性关系，使原本的数据对该分组的平均值呈对称排布状。

§5-3 逐差法

逐差法仍属于实验数据处理的范畴，它可看成是分组平均法的特例。逐差法在大学物理实验中经常用到，应熟练掌握。

记直接测量为 x,y 为间接测量量，y 是关于 x 的函数，可以通过 x 的测得值或 x 对应某种变化的增量值 Δx 求得间接测量值 y。

应用逐差法的前提：要求 y 是 x 的多项式函数；而且 x 是等间隔变化的。

若等间隔测得 N 个 x 值：$x_1, x_2, x_3, \cdots, x_N$，则 x 的增量（$\Delta x = x_n - x_{n-1}$）的平均值为

$$\Delta \bar{x} = \frac{1}{N-1}[(x_2-x_1)+(x_3-x_2)+(x_4-x_3)+\cdots+(x_{N-1}-x_{N-2})+(x_N-x_{N-1})] = \frac{x_N-x_1}{N-1}$$

可见，这样计算使中间的测得值全部互相抵消，只剩下始末两次测得值（x_1 和 x_N）起作用，这样所实施的 N 次测量，只等效成了两次测量。为了充分利用测量数据，逐差法通常把数据分为二组，如 $N=8$ 时，把数据 x_1, x_2, x_3, x_4 归为一组；另一组为 x_5, x_6, x_7, x_8。取步长为 4 的 x 之增量为 $\Delta x = x_{n+4} - x_n$，则其平均值为：$\Delta \bar{x} = \frac{1}{4}[(x_5-x_1)+(x_6-x_2)+(x_7-x_3)+(x_8-x_4)]$

可见,这样处理把全部的实验数据都充分利用起来,这样求取平均值可有效减小测量误差。同时逐差法还有其他的优点,像在"液体表面张力系数测定"、"杨氏模量测定"、"牛顿环"等物理实验中都用到了逐差法,可通过实验进一步熟悉并掌握该方法。

§5-4 回归分析

实验结果的表示方法之一——方程表示法,也称为计算法,就是通过对实验数据及其他信息的计算分析,找出表示各变量之间关系的经验公式。这种对实验结果的表示方法,比列表法和图示法更能深刻反映变量之间的内在关系及变化规律,也便于使用和进一步研究分析。

用数理统计方法对测量数据进行处理,得出变量之间的相关关系的表达式及有关特征量的过程称为"回归分析"。所谓变量之间的相关关系,即:自变量取值后,因变量按一定的概率分布而有相应的取值范围,变量之间的这种关系即为相关关系。形成相关关系的原因在于因变量不仅受所研究的自变量的影响,还会受到其他未知因素或难以控制和描述的因素的影响。回归分析的研究内容即是变量之间的相关关系。

实验中被测量多为随机变量,因而寻求它们之间的经验公式的过程就是回归分析的过程,所得的经验公式也称为回归方程。回归分析的工作还包括对所得到的相关关系进行检验的工作,即进行可信赖程度的检验和进行回归准确度分析等。回归分析还可以帮助人们寻找最佳的实验方法和设计方案等。回归分析在生产过程和科学实验中有着广泛的应用,特别是近年来计算机应用的迅速发展,更进一步推动了回归分析的应用及理论的发展。

根据变量之间的相关关系是线性的还是非线性的,将回归分析分成线性回归分析和非线性回归分析。本节只介绍最基本的"一元线性回归分析"(它是其他较复杂的回归分析的基础),并简单介绍非线性回归分析。

一、一元线性回归分析

一元线性回归分析研究两个变量之间的线性相关关系,所谓"一元"即只有一个自变量的意思。一元线性回归分析最为简单,但却非常重要,因为它是整个回归分析的基础,所以要求熟练掌握。

此处只就自变量的不确定度为零或很小可忽略的情况下的一元线性回归分析作一介绍,这也称为"简单一元线性回归分析"。

1. 一元线性回归方程和回归系数

记 x 和 y 为两个线性相关的变量,x 为自变量,二者的关系可写为

$$y = \alpha + \beta x \tag{5-1}$$

上式即为回归方程,式中的参数 α 和 β 称为回归系数。

在实际问题中,我们可以测量 x 和 y,得到一系列量值 x_i 与 y_i ($i=1,2,3,\cdots,n$),若进行图示发现这 n 个散点 (x_i,y_i) 较趋近于沿直线排列,则变量 x 与 y 的关系就可以采用上述的线性关系描述。可见,在这种情况下,x 与 y 的量值是已知的,而需要求解的是回归系数 α 和 β。依据 x 与 y 的有限个测得值只能求得 α 和 β 的实验估计值,记为 a 和 b。当自变量 x 的测得值为 x_i 时,记因变量 y 的估计值(也称为"回归值")为 $\hat{y}_i$,则有方程

$$\hat{y}_i = a + bx_i \tag{5-2}$$

上式称为回归方程的估计式,为简便也称其为回归方程;a 和 b 也简称为回归系数。由 n 个散点 $(x_i,\hat{y}_i)$ 作出的直线称为回归直线。

2. 一元线性回归方程的最小二乘法处理

回归分析首先是要求解回归方程的回归系数,前面介绍的图解法就是一种回归分析方法,而通常采用最小二乘法,由实验数据估算出的一组回归系数值为一组最佳解。

(1)偏差方程组

由测得值 x_i 和 y_i 及其回归值 $\hat{y}_i$($\hat{y}_i = a + bx_i$)可写出偏差 e_i:

$$e_i = y_i - \hat{y}_i \quad (i=1,2,3,\cdots,n) \tag{5-3}$$

显然,$\hat{y}_i$ 必在回归直线上,所以 e_i 反映了测得值 y_i 对回归直线的偏离程度。偏差也是随机变量,它服从正态分布,可以写出偏差方程组:

$$\begin{cases} e_1 = y_1 - \hat{y}_1 = y_1 - (a+bx_1) \\ e_2 = y_2 - \hat{y}_2 = y_2 - (a+bx_2) \\ \cdots \cdots \\ e_n = y_n - \hat{y}_n = y_n - (a+bx_n) \end{cases} \quad (5\text{-}4)$$

(2) 最小二乘法及其处理

最小二乘法运用于回归分析中时,要求偏差平方和 Q 为最小值,即

$$Q = \sum_{i=1}^{n} e_i^2 = 最小值 \quad (5\text{-}5)$$

应用最小二乘法导出回归系数的一组最佳解 (a,b) 的过程为：要求

$Q = \sum_{i=1}^{n} e_i^2 = \sum_{i=1}^{n} (y_i - a - bx_i) = $ 最小值,则可用求极值的方法定出 a 和 b,即令：

$$\begin{cases} \dfrac{\partial Q}{\partial a} = 0 \\ \dfrac{\partial Q}{\partial b} = 0 \end{cases} \quad 即: \begin{cases} \dfrac{\partial Q}{\partial a} = (-1)\sum_{i=1}^{n} 2(y_i - a - bx_i) = 0 \\ \dfrac{\partial Q}{\partial b} = (-1)\sum_{i=1}^{n} 2x_i(y_i - a - bx_i) = 0 \end{cases}$$

可写成

$$\begin{cases} \sum_{i=1}^{n}(y_i - a - bx_i) = 0 \\ \sum_{i=1}^{n}(x_i y_i - ax_i - bx_i^2) = 0 \end{cases}$$

由上式易导出回归系数的最佳估计值为

$$\begin{cases} b = \dfrac{\sum_{i=1}^{n} x_i y_i - n\overline{x}\,\overline{y}}{\sum_{i=1}^{n} x_i^2 - n\overline{x}^2} \\ a = \overline{y} - b\overline{x} \end{cases} \quad (5\text{-}6)$$

其中：$\overline{x} = \dfrac{1}{n}\sum_{i=1}^{n} x_i,\ \overline{y} = \dfrac{1}{n}\sum_{i=1}^{n} y_i$

解出了回归系数,则可得到回归方程:
$$y = a + bx$$

应用最小二乘法的前提条件是:随机变量是无偏的;相互独立的;并且服从正态分布。这些条件在通常的实验中基本上都可以满足,即使有时不满足,一般也都可以通过适当的处理达到适用的要求。

3. 相关性分析

获得的一元线性回归方程有无意义,还应进行变量 x 与 y 的相关性分析,即分析两变量线性相关的紧密程度如何。我们知道,相关系数 ρ_{xy} 是相关程度的量度,当 ρ_{xy} 值较大时,所作的回归分析才有价值,即所得的回归方程才成立,否则就无意义。已知相关系数 ρ_{xy} 为:

$$\rho_{xy} = \frac{\sum_{i=1}^{n}(x_i - \overline{x})(y_i - \overline{y})}{\sqrt{\sum_{i=1}^{n}(x_i - \overline{x})^2 \cdot \sum_{i=1}^{n}(y_i - \overline{y})^2}} \quad (5\text{-}7)$$

x 与 y 的线性相关性检验步骤如下:

(1) 由测得值 x_i 与 $y_i (i=1,2,3,\cdots,n)$ 算出相关系数 ρ_{xy};算出自由度 v

$$v = n - 1 - 1 = n - 2$$

(2) 指定置信概率 P 或显著度 $\alpha (\alpha = 1 - P)$。

(3) 依据置信概率 P(或显著度 α)和自由度 v,查"相关系数临界值表"的临界值 $R_a(v)$。

(4) 若相关系数 $\rho_{xy} > R_a(v)$,则在该显著性水平 α 下(或该置信概率 $P = 1 - \alpha$ 下),两变量 x 与 y 线性相关;否则不相关,意味着所作的回归分析无意义,即所得的回归方程不成立。

表 5-1　　　　相关系数临界值 $R_a(v)$

v	1	2	3	4	5	6	7	8	9	10	11	12	13	14	15
$\alpha = 0.05$	0.997	0.950	0.878	0.811	0.754	0.707	0.666	0.632	0.602	0.576	0.553	0.532	0.514	0.497	0.482
$\alpha = 0.01$	1.000	0.990	0.959	0.917	0.874	0.834	0.798	0.765	0.735	0.708	0.684	0.661	0.641	0.623	0.606

4. 方程的准确度

还需要对回归系数的准确性进行评价,即估计因随机因素的影响,使测得值 $y_i(i=1,2,3,\cdots,n)$ 对回归直线的偏离程度。前述的偏差 $e_i=y_i-\hat{y}_i$ 可较好地反映这样偏离程度,当无偏的测得值 y_i 的数目足够多时(即 n 足够大时),偏差也服从正态分布,因而可计算方差,理论上通常规定回归方程的方差(也称为"剩余方差")为:

$$S^2=\frac{Q}{n-2} \quad (5-8)$$

式中:Q 为偏差平方和,即 $Q=\sum_{i=1}^{n} e_i^2$

剩余方差的正的平方根称为"剩余标准差",记为 S。因为回归方程根据变化的测得值得到不同的 x_i 所对应的 y_i 的标准差不一定相等,所以实际上在 x_i 的某区间内取得的剩余标准差应称为"平均剩余标准差",即

$$s=\sqrt{\frac{Q}{n-2}}=\sqrt{\frac{1}{n-2}\sum_{i=1}^{n}(y_i-\hat{y}_i)^2} \quad (5-9)$$

平均剩余标准差 S 越小,说明方程的准确度越高。

为了计算上的方便,将平均剩余标准差写成如下形式:

$$s=\sqrt{\frac{1}{n-2}(L_{xy}-bL_{xy})} \quad (5-9)'$$

式中:b 为回归系数,见式(5-6);L_{xy} 称为 y 的离差平方和;L_{xy} 为 x 与 y 的协方差之和,即

$$L_{xy}=\sum_{i=1}^{n} y_i^2 \quad (5-10)$$

$$L_{xy}=\sum_{i=1}^{n}(x_i-\overline{x})(y_i-\overline{y}) \quad (5-11)$$

可见只需要测得值 x_i 和 $y_i(i=1,2,3,\cdots,n)$,就可利用式(5-9)′估算出平均剩余标准差。

◆ 二、非线性回归分析简介

非线性回归分析通常要比线性回归分析复杂得多。一般处理非线性回归问题有两种途径:

(1) 将非线性关系经适当处理转化成线性关系后,进行线性回归,之后再复原。

(2) 若上条不可行或不宜实施时,则用多项式逼近非线性方程,在对多项式进行回归处理。

为简单只以一元非线性函数为例介绍。

1. 非线性的线性化处理

先分析实验数据、拟合曲线等,并根据经验判断其数学模型,即函数的类型。如变量 x 与 y 是属于双曲型、幂函数型、指数型还是对数型等等。写出所判定的函数式,进行适当的变量代换,使经代换后的变量 x' 与 y' 成为线性关系:$y'=a+bx'$。如经判断 x 与 y 为双曲线关系即:

$$\frac{1}{y}=a+b\frac{1}{x} \tag{5-12}$$

令 $y'=\dfrac{1}{y},x'=\dfrac{1}{x}$,则 x' 与 y' 为线性关系为:$y'=a+bx'$

对 x' 和 y' 进行线性回归处理,之后再还原即可。

一般还应进行优选回归方程的工作。因为在判断函数类型时,所取得函数形式不一定是最恰当、最为逼近的类型。通常是选取若干种认为较贴合的函数关系,即

$$\begin{cases} y=f_1(x) \\ y=f_2(x) \\ \cdots\cdots\cdots \\ y=f_N(x) \end{cases}$$

对它们分别进行线性化代换,之后进行线性回归处理,并比较它们各自的相关性程度的高低;回归准确度的大小等等,从而可选出最佳的回归方程来。

2. 多项式回归逼近

在不便于进行上述线性化处理的情况下,则可采取多项式回归逼近的方法进行处理,即取 y 是关于 x 的多项式函数:

$$y=b_0+b_1x+b_2x^2+\cdots+b_kx^k+\cdots+b_mx^m \tag{5-13}$$

可以对上式直接用最小二乘法进行回归处理,求出回归系数

$b_k(k=1,2,3,\cdots,m)$，从而得到上述多项式型的回归方程。还可以再作线性代换，即令：

$$\begin{cases} x_1 = x \\ x_2 = x^2 \\ \cdots\cdots\cdots \\ x_m = x^m \end{cases}$$

则方程(5-13)变为多元线性方程形式，即

$$y = b_0 + b_1 x + b_2 x_2 + \cdots + b_k x_k + \cdots + b_m x_m$$

对上式仍采用最小二乘法进行线性回归处理，获得回归方程，再复原为(5-13)式的多项式函数形式。

习 题

1. 列举常用的实验结果表示法的名称，简述各自的优缺点。

2. 进行图解时应注意什么问题？如何进行曲线改直？应用逐差法的前提是什么？逐差法的步骤有哪些？

3. 图示法的主要步骤是什么？回答以下问题：

(1) 什么是坐标的标度？标度中应注意什么问题？

(2) 作散点图时应采用哪些符号表示各点？什么叫做拟合曲线？画拟合曲线时应注意什么？

实验一 随机误差统计规律

实验目的

1. 通过对单摆的摆动周期的测量,加深对随机误差统计规律的认识。
2. 学习正确估算随机误差的方法。
3. 学会运用统计方法研究物理现象。

实验仪器

单摆装置、秒表、卷尺、游标卡尺等

实验原理

1. 单摆及其摆动周期

单摆可由一条不计伸长的轻质细软细线和悬挂在该线下端的体积较小的重球构成。摆长 L(悬点至重球球心的距离)应远大于摆球的直径 d;该球的质量也应远大于摆线的质量。将摆球自平衡位置拉开一个小角度 θ(θ 即摆线与铅直方向的夹角,为提高实验的精确性,θ 应小于 5°),然后释放,则摆球在平衡位置附近周期性的摆动,摆动周期为

$$T = 2\pi \sqrt{\frac{L}{g}} \quad (1\text{-}1\text{-}1)$$

式中的 g 为实验所在地的重力加速度。可见单摆的摆动周期为常量。由(1-1-1)式有

$$g = 4\pi^2 \frac{L}{T^2} \quad (1\text{-}1\text{-}2)$$

测出摆长 L 和周期 T,则有上式可算出重力加速度 g。

使用秒表测定摆动周期产生的计时误差记为 Δt,它可来源于对每一个周期的起止时刻判断不准;秒表自身的误差以及因启、停

表而引起的误差等。若测一个周期,则测量的相对误差为 $\Delta t/T$。若测 N 个周期,则相对误差为 $\Delta t/NT$,N 越大则测量周期 T 的精确度越高,这种方法称为积累放大法。

2. 随机误差统计规律的研究

在实际测量中,许多随机误差很趋近于服从正态分布。服从正态分布的随机误差具有有界性、对称性和单峰性。

本实验是在测量条件保持不变的情况下,对单摆的摆动周期 T 进行等精度重复多次测量(测量次数约 100~200 次),记测得值为 $T_i(i=1,2,3,\cdots,N)$。在实验前和实验过程中,严格设置、严格操作,注意消除粗大误差和系统误差,或将系统误差减小到可忽略的程度,则可认为测得值 T_i 中只含有随机误差 $\delta_i = T_i - T$ 或 $v_i = T_i - \overline{T}(i=1,2,3,\cdots,N)$,我们就以此为实例研究随机误差的统计规律。

将测得值按由小到大的顺序排列,并统计出各个 T_i 值出现的次数 m_i,m_i 称为频数,填入数据采集表格 1-1-1 中。

根据测量数据,计算摆动周期的算术平均值 $\overline{T}$、实验标准差 σ_s 及 $\overline{T}$ 的实验标准差 $\sigma_{\overline{T}}$:

$$\overline{T} = \frac{1}{N} \sum_{i=1}^{N} T_i \quad (1\text{-}1\text{-}3)$$

$$\sigma_s = \sqrt{\frac{1}{N-1} \sum_{i=1}^{N} (T_i - \overline{T})^2} \quad (1\text{-}1\text{-}4)$$

$$\sigma_T = \frac{\sigma_s}{\sqrt{N}} \quad (1\text{-}1\text{-}5)$$

写出实验结果:$T = \overline{T} \pm \sigma_{\overline{T}}$

或:$T = \overline{T} \pm 3\sigma_{\overline{T}}$ \quad (1-1-6)

分别统计测得值 T_i 落在 $(\overline{T} - \sigma_{\overline{T}}, \overline{T} + \sigma_{\overline{T}})$ 内;落在 $(\overline{T} - 3\sigma_{\overline{T}}, \overline{T} + 3\sigma_{\overline{T}})$ 内的频数 n 和频率 $\frac{n}{N} \times 100\%$,将各个有关结果和估算值填入表格 1-1-2 中。

选取合适的数据间隔 Δ,统计测得值 T_i 出现在相应间隔中的频数 n_i,并计算频率 $\frac{n_i}{N}\times 100\%$。取方格坐标纸,以周期为横轴,以频率为纵轴,做统计直方图,见本教材的图 3-2 和图 3-3。

当数据较多时,为方便作图,可将数据分为 K 组(记 $j=1,2,3,\cdots,K$)当测量周期的次数 $N>50$ 时,可取 $K=10\sim 20$,则间隔 Δ 可取为

$$\Delta=\frac{T_{\max}-T_{\min}}{K} \tag{1-1-7}$$

为方便,Δ 可取为偶数,并算出 $\frac{\Delta}{2}$。则 K 组数据为:

第 1 组的中值 $\overline{T_1}$ 可取为 $T_{\min}$;区间为 $\left[\overline{T_1}-\frac{\Delta}{2},\overline{T_1}+\frac{\Delta}{2}\right]$;测得值落在此区间的频数为 n_1;频率为 $\frac{n_1}{N}$。

第 2 组的中值 $\overline{T_2}=\overline{T_1}+\Delta$;区间为 $\left[\overline{T_2}-\frac{\Delta}{2},\overline{T_2}+\frac{\Delta}{2}\right]$;测得值落在此区间的频数为 n_2;频率为 $\frac{n_2}{N}$。

第 j 组的中值 $\overline{T_j}=\overline{T_{j-1}}+\Delta$;区间为 $\left[\overline{T_j}-\frac{\Delta}{2},\overline{T_j}+\frac{\Delta}{2}\right]$;测得值落在此区间的频数为 n_j;频率为 $\frac{n_j}{N}$。

……

第 K 组的中值 $\overline{T_k}=\overline{T_{k-1}}+\Delta$;区间为 $\left[\overline{T_k}-\frac{\Delta}{2},\overline{T_k}+\frac{\Delta}{2}\right]$;测得值落在此区间的频数为 n_k;频率为 $\frac{n_k}{N}$。

将各个分组数据填入表 1-1-3 中。

以周期 T 为坐标横轴,以频率为纵轴,则可由表 1-1-3 中数据作出 $\frac{n_j}{N}\sim T$ 的统计直方图。当然也可作 $\frac{n_j}{N}\sim v$ 的统计直方图,其中 v_j 为剩余误差(即残差 $v_j=T_j-\overline{T}$)。显而易见,残差间隔与测得

值 T_i 的间隔相等,即 $\Delta v = \Delta T = \Delta$,则就残差而言,也有分组数据如下:

第 j 组中的中值 $\overline{v_j} = \overline{T_j} - \overline{T}$;区间为 $\left[\overline{v_j} - \dfrac{\Delta}{2}, \overline{v_j} + \dfrac{\Delta}{2}\right]$;残差落在该区间的频数仍为 n_j;频率仍为 $\dfrac{n_j}{N}(j=1,2,3,\cdots,K)$。以残差 v 为横轴,纵轴仍是频率,作出统计直方图,显然只需把前述的 $\dfrac{n_j}{N} - T$ 统计直方图之纵轴平移至 $T = \overline{T}$ 处,横轴更名为残差轴即可得到 $\dfrac{n_j}{N} - v$ 统计直方图。

也可作出统计直方图的包络线,即经验分布曲线 $f(T)$ 或 $f(v)$。测量次数越多,间隔取得越小,曲线就越光滑。将曲线与正态分布曲线相比较,以观察其趋近或偏离正态分布的程度及其他有关性质和特点等。

实验内容

1. 调整单摆装置,摆长 L 取 1 m 左右,由摆线上端固定点至摆球球心量出。使摆角小于 $5°$,用秒表测量摆动周期 T,测量中应以摆球的平衡位置作为一个周期的计时起、止点。

2. 重力加速度 g 的测定

(1) 固定摆长 L(可取 $L=100$ mm),用累计放大法测摆动 N 次(N 取 20 和 100 各一次)所需的时间间隔 Δt_N。如此重复测 5 遍(N 取 100 时测 3 次即可),则周期的算术平均值为 $\overline{T} = \dfrac{1}{6} \sum\limits_{i=1}^{6} (\Delta t_N)i/N$,算出 $\overline{g} = 4\pi^2 \dfrac{L}{T^2}$ 及其标准差 $\sigma_{\bar{g}}$ 等,并写出最终测量结果。

(2) 改变摆长,测出不同摆长 L_i 下的周期值 T_i(L_i 可分别取大于 100 mm 和小于 100 mm 各一次)。T_i^2-L_i 拟合直线,验证谐振动周期与摆长的关系。运用图解法由该直线的斜率求出重力加速度 g。

3. 计算摆动周期的算术平均值 $\overline{T}$；实验标准差 σ_s 及 $\overline{T}$ 的实验标准差 $\sigma_{\overline{T}}$；写出测量结果表示：$T=\overline{T}\pm\sigma\overline{\overline{T}}$ 和 $T=\overline{T}\pm 3\sigma\overline{\overline{T}}$；并分别统计计算 $\overline{T}_i$ 落在 $(\overline{T}-\sigma_{\overline{T}},\overline{T}+\sigma_{\overline{T}})$ 内，落在 $(\overline{T}-3\sigma_{\overline{T}},\overline{T}+3\sigma_{\overline{T}})$ 内的频数 n 和频率 $\dfrac{n}{N}\times 100\%$，填入表 1-1-2 中。

4. 对数据进行分组处理，将各分组的数据填入表 1-1-3 中。

5. 以周期 T（或以残差 v）为横轴，以频率为纵轴作出统计直方图。

6. 由统计计算的结果和统计直方图分析随机误差的分布规律及其特点。

数据记录及处理

表 1-1-1　　　　　数据采集表

$\overline{T}_i(s)$		……		
m_i		……		

表 1-1-2　　　　　实验的统计估算值

$\overline{T}(s)$	实验标准差(s)	测量结果(s)	频数 n	频率 $\dfrac{n}{N}\times 100\%$
	$\sigma_{\overline{T}}=$			
	$3\sigma_{\overline{T}}=$			

表 1-1-3　　分组数据表　　$\Delta=$ _____

j	1	2	……	K
$\overline{T}_j$				
$\left[\overline{v}_j-\dfrac{\Delta}{2},\overline{T}_j+\dfrac{\Delta}{2}\right]$				
$\overline{v}_j$				
$\left[\overline{v}_j-\dfrac{\Delta}{2},\overline{v}_j+\dfrac{\Delta}{2}\right]$				
n_j				
$\dfrac{n_j}{N}\times 100\%$				

思考题

1. 由实验结果说明,所进行的测量中随机误差是否趋近于服从正态分布?

2. 若实验中存在较大的系统误差,则在所作的统计直方图中可能有什么表现?

3. 为什么要求摆角小于5°? 在满足条件时,其他实验条件不变,单摆摆角不同,其摆动周期是否也不同?

实验二　固体密度的测定

实验目的

1. 掌握对长度、质量的测量;熟练使用米尺、游标卡尺、螺旋测微计和天平等测量工具。
2. 掌握实验数据的处理方法,能够熟练地估算测量误差或测量不确定度。

实验仪器

米尺、游标卡尺、螺旋测微计、天平、待测固体圆柱体等

实验原理

物体的质量为 m,体积为 V,则其密度 ρ 为

$$\rho = \frac{m}{v}$$

可以用天平称量出物体的质量 m。若待测物体具有较规则的几何形状,如为立方体、圆柱体、圆锥体等,则可通过测量其有关的长度算出其体积 V,从而求出物体的密度 ρ。对于形状不规则的固体或流体,其体积无法利用长度测量而算出,则可采用流体静力秤法或比重瓶法等测其密度。

对于圆柱体形状的固体,可以测其直径 D 和高 h,则体积 $V = \frac{1}{4}\pi D^2 h$,密度为

$$\rho = \frac{4m}{\pi D^2 h}$$

圆柱体的质量用天平称量一次,对直径和高进行多次重复测量,记无偏的测得值为 D_i 和 $h_i (i=1,2,3,\cdots,n)$,则其密度的测得值为: $\bar{\rho} = \frac{4m}{\pi \overline{D^2} \bar{h}}$

测量误差估算值为

$$y = \frac{\sigma_{\bar{\rho}}}{\bar{\rho}} = \sqrt{\left(\frac{2\sigma_{\bar{D}}}{\bar{D}}\right)^2 + \left(\frac{\sigma_{\bar{h}}}{\bar{h}}\right)^2 + \left(\frac{\sigma_{\bar{m}}}{\bar{m}}\right)^2}$$

$$\sigma_{\bar{\rho}} = \bar{\rho}\sqrt{\left(\frac{2\sigma_{\bar{D}}}{\bar{D}}\right)^2 + \left(\frac{\sigma_{\bar{h}}}{\bar{h}}\right)^2 + \left(\frac{\sigma_{\bar{m}}}{\bar{m}}\right)^2}$$

其中:$\bar{D} = \frac{1}{n}\sum_{i=1}^{n}D_i$,$\bar{h} = \frac{1}{n}\sum_{i=1}^{n}h_i$,

$$\sigma_{\bar{D}} = \frac{\sigma_D}{\sqrt{n}} = \sqrt{\frac{1}{n(n-1)}\sum_{i=1}^{n}(D_i - \bar{D})^2},$$

$$\sigma_{\bar{h}} = \frac{\sigma_h}{\sqrt{n}} = \sqrt{\frac{1}{n(n-1)}\sum_{i=1}^{n}(h_i - \bar{h})^2},\quad \sigma_m = \delta_m/k,$$

可取测量质量的误差限为天平的感量(即分度值,0.02 g),取 $k=3$。

实验内容 ▶

1. 用天平测圆柱体的质量 m

(1) 调水平:调天平的底脚螺丝,使其四脚水平。

(2) 调平衡:将游码放在横梁的刻度零位处,调节横梁两端的平衡螺母,使天平达到平衡状态(使指针在偏转标尺的中央位置附近左右等幅摆动即可)。

(3) 称量质量:待测物置于左盘中央,在右盘中间放置适量的砝码,并移动游码,使天平平衡。则被测物的质量即可由砝码的质量和游码的位置读数相加得到。

2. 用游标卡尺和米尺在圆柱体不同方位分别重复 6 次测量其直径 D 和高 h,将有关数据填入表格中。估算密度 $\bar{\rho}$ 及其测量误差 $\sigma_{\bar{\rho}}$ 和 $r = \sigma_{\bar{\rho}}/\bar{\rho}$。

3. 同上条,改用螺旋测微计和游标卡尺分别测 D 和 h,再估算 $\bar{\rho}$、$\sigma_{\bar{\rho}}$ 和 r,并与前次的测量结果相比较。

数据记录及处理

表 1-2-1

$m(g)$	$\delta_m(g)$	k	$\sigma_m(g)$

表 1-2-2 单位:mm

D_i		……	$\overline{D}=$	$\sigma_{\overline{D}}=$
h_i		……	$\overline{h}=$	$\sigma_{\overline{h}}=$

实验三 伏特计—安培法测电阻

实验目的

1. 掌握对电流、电压的基本测量方法；学习伏—安法测电阻的方法，并了解该方法的特点和适用条件。
2. 学会正确分析测量误差和正确处理测量数据。

实验仪器

电流表、电压表、直流稳压电源、滑线变阻器、单刀开关（双向、单向）、待测电阻等。

实验原理

若被测电阻 R_x 的端电压为 V，通过的电流为 I，则由欧姆定律可得

$$R_x = V/I$$

伏—安法测电阻的测量电路如图 1-3-1 所示。当单刀双向开关分别打在位置 1 或 2 时，则构成两种不同的测量两路。K_2 置于 1 时构成"电流表内接式电路"；K_2 置于 2 时构成"电流表外接式电路"。如果电压表和电流表都是理想仪表，即电压表内阻 $R_v \to \infty$，电流表内阻 $R_A = 0$，则此二种电路在测量上没有任何区别。但实际上 $R_A \neq 0$，R_v 也是有限大的，则两种电路在测电阻时各有不同的适用条件。

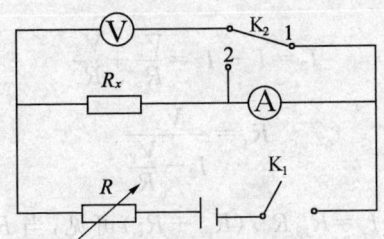

图 1-3-1 伏—安法测电阻电路图

1. 电流表内接法测电阻

K_2 打在位置 1，分别记此时电压表、电流表的示值为 V_1 和 I_1，根据欧姆定律，待测电阻的测得值为 $R_测 = V_1/I_1$

由电路知，电流表与待测电阻 R_x 串联，则用该表测得的 I_1 即为流过 R_x 的电流；电压表并接在 R_x 和电流表的两端，则测出的电压 V_1 实为 R_x 和 R_A 上的电压之和，即

$$V_1 = I_1 R_x + I_1 R_A$$

则
$$R_x = V_1/I_1 - R_A$$

可写成 $R_测 = R_x + R_A$，可见这样测出的阻值比实际值偏大，同时当 $R_x \gg R_A$ 时，$R_测 = R_x$，这说明用电流表内接法测电阻，适用于待测电阻是大阻值的情况。

采用内接法测电阻产生的系统误差为

$$\Delta R = R_测 - R_x = R_A$$

其相对值为

$$\frac{\Delta R}{R_x} = \frac{R_A}{R_x}$$

若已知电流表的内阻 R_A，就可以对测量结果进行修正，修正值为 $-R_A$。

2. 电流表外接法测电阻

K_2 打在位置 2，分别记此时电压表、电流表的示值为 V_2 和 I_2，则待测电阻的测得值为 $R_测 = V_2/I_2$。由电路可见，电压表并接在待测电阻 R_x 的两端，所测出的 V_2 即为 R_x 的端电压值；但电流表测出 I_2 的却是分别通过 R_x 和电压表 (R_v) 的两分支电流 I_x 和 I_v 的合电流，即

$$I_2 = I_v + I_x = \frac{V_2}{R_v} + \frac{V_2}{R_x}$$

则
$$R_x = \frac{V_2}{I_2 - \dfrac{V_2}{R_v}}$$

由 $R_测 = V_2/I_2 = R_测 R_v/(R_测 + R_v)$ 可见，当 R_v 很大或 $R_v \gg R_x$ 时，$R_测 = R_x$，说明电流表外接式电路适用于测量低阻值的电阻。

采用外接法测量电阻而产生的系统误差为

$$\Delta R = R_{测} - R_x = -\frac{V_2^2}{I_2^2\left(R_v - \dfrac{V_2}{I_2}\right)}$$

其相对值

$$\frac{\Delta R}{R_x} = -\frac{V_2}{I_2 R_v}$$

系统误差小于零,说明用外接法测得的电阻值比起实际值偏小。若已知电压表的内阻,则可对测量结果修正,该修正值为:$-\Delta R = |\Delta R|$。

3. 测量误差分析

进行单次测量,因测量电流和电压的误差(ε_1 与 ε_v)的存在而导致了测量电阻 R_x 的误差 ε_R 的产生。由 $R=V/I$ 知:

$$\frac{\varepsilon_R}{R} = \frac{1}{R}\left(\frac{\partial R}{\partial V}\varepsilon_v + \frac{\partial R}{\partial I}\varepsilon_1\right) = \frac{\varepsilon_v}{V} - \frac{\varepsilon_1}{I}$$

$$\varepsilon_R = \frac{\varepsilon_v}{I} - \frac{V}{I^2}\varepsilon_1$$

式中的 ε_v 和 ε_1 可以用仪表的准确度等级 s 和特定值(如量程 A)来估算,即

$$\varepsilon_v = A_v \cdot s/100 \qquad \varepsilon_1 = A_1 \cdot s/100$$

实验内容 ▶

1. 按图 1-3-1 接好测量电路,测量前应使开关 K_1 和 K_2 为断开状态;滑线变阻器的滑动触头应在其中间位置。电源用直流稳压器,注意电压表和电流表的极性要接对。

2. 待测电阻 R_{x1} 的阻值约 10^4 Ω:测量时 K_2 打在位置 1。选择合适的输出电压,调节变阻器,使电压的示值约在 10 V 左右,测出电流值。

3. 测量待测电阻 $R_{x2} \sim 10^2$ Ω:开关 K_2 打在位置 2,可使电压表示值为 2~3 V,测出电流值。

4. 由欧姆定律算出两个待测电阻的测得值 $R_{测1}$ 和 $R_{测2}$。

5. 测量误差的估算

根据仪表的等级、量程估算测量电压和电流的误差限 ε_v 与 ε_1。估算测量电阻的误差限：

$$\varepsilon_{R\max}=\frac{\varepsilon_v}{I}+\frac{V}{I^2}\varepsilon_1。$$

6. 图解法确定待测电阻的阻值

在额定功率以内，并且保证电压表、电流表指针处在满刻度的 1/2 以上范围内，调节变阻器，测出一系列的电压值和电流值。在方格坐标纸上作 $V—I$ 图线，求其斜率($\Delta V/\Delta I$)得到待测电阻之阻值。

数据记录及处理

表 1-3-1

$I(A)$ / $V(V)$	K_1 置于 1	K_2 置于 2
⋮	⋮	

表 1-3-2　　　　用逐差法求 K

$L_n(10^{-3}$ m)	$L_m(10^{-3}$ m)	L_m-L_n $(10^{-3}$ m)	$\Delta(L_m-L_n)$ $(10^{-3}$ m)	$\Delta(L_m-L_n)^2$ $(10^{-6}$ m$^2)$
$L_0=$	$L_5=$			
$L_1=$	$L_6=$			
$L_2=$	$L_7=$			
$L_3=$	$L_8=$			
$L_4=$	$L_9=$			$\Delta(S_1-S_0)^2$
		$\overline{(L_m-L_n)}=$		$\sum\Delta(L_m-L_n)^2=$

思考题

1. 实验中,可否用图解法求焦利秤的倔强系数？如能求出并与用逐差法计算的结果比较。

2. 用焦利秤测量时为什么必须三线对齐？二线对齐可以吗？

第二部分

普通物理实验

PU TONG WU LI SHI YAN

第二編

普通物理天然

第一章 基础实验

实验一 杨氏弹性模量的测定

实验目的

1. 学习用静态拉伸法测量金属丝的杨氏模量。
2. 掌握用光杠杆法测量微小长度变化的原理和方法。
3. 学会用逐差法处理数据。

实验仪器

YMC-1 杨氏模量测定仪(一套),米尺,游标卡尺,螺旋测微计。

实验原理

当外力作用于固体时,可使之发生形变。若在一定限度内,外力停止作用后,物体能恢复原来的形状,此类形变称为弹性形变。而固体能恢复原状的性质称为弹性。固体的弹性是组成固体的微粒之间相互作用的结果。

对如图 2-1-1 所示的长度为 L、横截面积为 S 的一段粗细均匀的金属丝,沿长度方向施以拉力 F,使金属丝发生形变,伸长量为 ΔL。金属丝单位截面所受的作用力 F/S 称为应力;单位长度的伸长量 $\Delta L/L$ 称

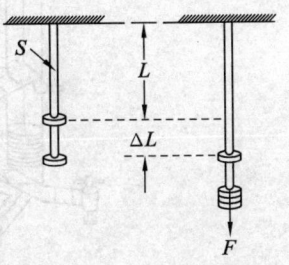

图 2-1-1 弹性形变实验

为应变。

根据胡克定律,在弹性限度内应力与应变成正比,即:$F/S \propto \Delta L/L$写成等式为

$$\frac{F}{S} = Y \frac{\Delta L}{L} \tag{2-1-1}$$

所以
$$Y = \frac{F/S}{\Delta L/L} = \frac{FL}{S \Delta L} \tag{2-1-2}$$

其中,比例系数 Y 为金属丝的杨氏模量,它取决于材料的性质,与其长度和横截面面积无关,单位为 N/m^2。

若金属丝的横截面是直径为 d 的圆,则横截面面积为 $\pi d^2/4$,因此,其杨氏模量可写成

$$Y = \frac{4FL}{\pi d^2 \Delta L} \tag{2-1-3}$$

式中 F、L、d 均易于测量,而金属丝的伸长量 ΔL 很小,难以直接准确测量,本实验采用光杠杆法进行测量。

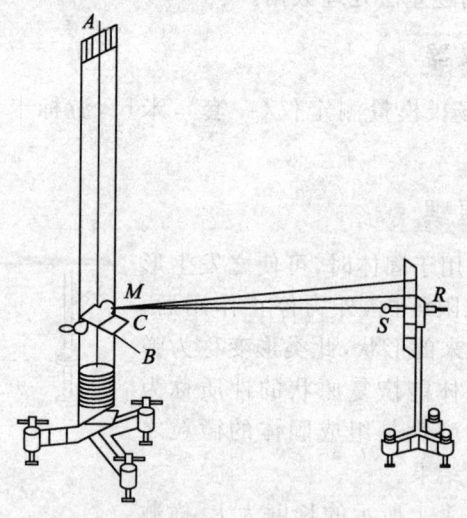

图 2-1-2　杨氏模量测定仪

实验所用的 YMC-1 杨氏模量测定仪,如图 2-1-2 所示。仪器底部为一三脚架,其上有两立柱,脚架上有调节螺丝,用于调整立

柱的铅直。待测金属丝的上端被夹紧固定于立柱上端的横梁中间。立柱上有可沿柱移动的平台C，其上有一孔洞，一夹紧金属丝下端的夹子穿过该孔，并可上下移动，夹子下端接一砝码托。光杠杆是由一平面反射镜及三足支架构成，如图2-1-3所示。望远镜尺组由望远镜、标尺及支架组成。

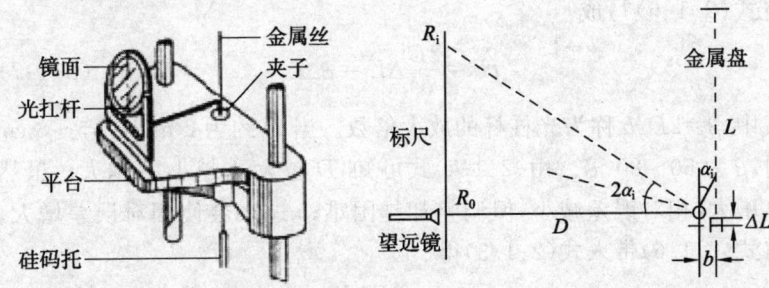

图 2-1-3　光杠杆的放置　　　图 2-1-4　光杠杆的测量原理

使用时，望远镜尺组距光杠杆反射镜面 $1.5\sim 2$ m处，使望远镜对准反射镜，从望远镜中能看到米尺在反射镜中的像。测量时，以望远镜分划线为准线，读出米尺的刻度值，记为 R_0。将砝码置于砝码托上时，金属丝被拉长 ΔL，使置于平台C孔中的夹子上的光杠杆后足随之下降，使镜面后仰 α_i 角。根据几何光学，此时米尺的刻度值 R_i 经平面镜反射进入望远镜，对齐分划线，如图2-1-4所示：

而入、反射光线的夹角为 $2\alpha_i$，有

$$\tan 2\alpha_i = \frac{|R_i - R_0|}{D} = \frac{H_i}{D}$$

$$\tan\alpha_i = \frac{\Delta L_i}{b} \quad\quad\quad (2\text{-}1\text{-}4)$$

式中，D 为反射镜面到标尺的距离；b 为光杠杆的臂长（即光杠杆后足到两前足连线的距离）。

因为 $\Delta L \ll b, \alpha_i$ 很小，则可近似为

$$\tan 2\alpha_i = 2\alpha_i = \frac{H_i}{D}$$

$$\tan\alpha_i \approx \alpha_i \approx \frac{\Delta L_i}{b} \quad\quad\quad (2\text{-}1\text{-}5)$$

则

$$\Delta L_i = \frac{H_i b}{2D} \quad (2\text{-}1\text{-}6)$$

可见,利用光杠杆将微小的长度变化转变为微小角度变化,再利用望远镜尺组,可将其转换为较大的标尺读数之差 $H_i = R_i - R_0$。将式(2-1-6)写成

$$H_i = \frac{2D}{b} \Delta L_i = \beta \Delta L_i \quad (2\text{-}1\text{-}7)$$

式中,$\beta = 2D/b$ 称为光杠杆的放大倍数。当 D 约为 2 m,b 在 5~8 cm 时,β 为 50~80 倍。由(2-1-7)式可知,D 越大,b 越小,β 越大。虽然 D 增大,相对误差减小,但调整却越困难;b 过小会使相对误差增大。将式(2-1-6)带入式(2-1-3)得

$$Y = \frac{8FLD}{\pi d^2 b \overline{H}} \quad (2\text{-}1\text{-}8)$$

实验内容

1. 仪器的调整

(1) 调节杨氏模量仪的三个底脚螺丝,使两立柱铅直。为避免金属丝弯曲影响对其长度的测量,实验中使用了较重的砝码托,能使金属丝在没有砝码时也是铅直的。

(2) 光杠杆放在平台上,使两前足置于平台上的凹槽中,后足放置在夹子的顶面平滑处,勿与金属丝相触。使两平面镜铅直。将望远镜尺组置于距光杠杆镜面适当距离处,调节望远镜的高低,使其镜头正对光杠杆镜面并平行、等高,且二者的轴线为同一条水平线。调望远镜尺组的标尺,使之铅直,高度合适。

(3) 借助望远镜上侧的缺口准星装置,沿镜筒轴线观看,看光杠杆平面镜中是否有标尺的像。若没有,则左右移动望远镜尺组,上下微调镜筒,微调仰俯角,使设在望远镜筒上的缺口、准星及光杠杆反射镜三者共一条水平线(这是关键),直到看到标尺的像为止。

(4) 调节目镜,使看到的十字形分划线清晰;再调节物镜,使标尺的像清晰。仔细调节,直至无视差(即人眼上下移动时,从望远

镜中观察到的标尺刻度线与十字分划线之间无相对移动、清晰)。

2. 测量

(1) 调整好仪器后,记下此时与望远镜中分划线对齐的标尺刻度值 R_0。

(2) 为减小摩擦力的影响,先逐次增加 1kg 砝码,共 7 次,记录相应的标尺刻度数 $R_1, R_2, \cdots, R_7$。再逐次减去 1kg 砝码,记录相应的刻度数 $R'_1, R'_2, \cdots, R'_0$。将数据记入表中。

(3) 用米尺测出镜尺距 D,金属丝长度 L,在纸蛇压出光杠杆三足间的痕迹,用游标卡尺测出后足至两前足连线的距离 b,用螺旋测微计在金属丝的不同部位测直径 d 共 6 次,取其平均值 $\bar{d}$。

(4) 用逐差法求出每增加 4 kg 砝码使标尺读数差的均值 $\bar{H}$,带入式(2-1-8),求出金属丝的杨氏模量并估算标准差。

注意事项

1. 为保证测量精度,对望远镜的调节中,必须注意消除视差。

2. 仪器一经调好,测量开始,切勿碰撞移动仪器,否则要重新调节。

3. 增减砝码要轻取轻放,尽量减小晃动,并待被测系统稳定后再读数。先测 R、d,再测其它。

4. 望远镜、光杠杆属精密器具,应细心操作。避免打碎镜片,勿用手或它物触碰镜片。

数据记录及处理

表 2-1-1

次数	重量(kg)	增重时读数 R_i(mm)	减重时读数 R'_i(mm)	两次读数均值 $\bar{R}$(mm)	每改变 4 kg 时读数差 H_i(mm)	ΔH_i(mm)
1	0.000				$H_1 = \bar{R_4} - \bar{R_0} =$	
2	1.000					
3	2.000				$H_2 = \bar{R_5} - \bar{R_1} =$	
4	3.000					

续表 2-1-1

次数	重量(kg)	增重时读数 R_i(mm)	减重时读数 R'_i(mm)	两次读数均值 $\overline{R}$(mm)	每改变 4 kg 时读数差 H_i(mm)	ΔH_i(mm)
5	4.000					
6	5.000				$H_3 = \overline{R_6} - \overline{R_2} =$	
7	6.000					
8	7.000				$H_4 = \overline{R_7} - \overline{R_3} =$	
					$\overline{H} =$	

表 2-1-2

次数	1	2	3	4	5	6	$\overline{d}$(mm)	$\sigma_{\overline{d}}$(mm)
d_i(mm)								

思考题

1. 在本实验中,为什么用不同精确度的量具测量多种长度量?为什么有些需要多次测量,有些单次测量就可以?

2. 逐差法处理数据有什么优越性和局限性?

3. 光杠杆法可测微小长度变化,其主要是采用光放大原理,放大率为 $\beta = 2D/b$。试分析能否一味以增大 D,减小 b 的手段来提高 β?

实验二 液体黏滞系数测定

实验目的

1. 观察液体的内摩擦现象;学会用落球法测定液体黏滞系数。
2. 学习秒表的使用。

实验仪器

量筒、小球、秒表、米尺、螺旋测微计、游标卡尺、比重计、温度计。

实验原理

黏滞阻力是液体的内摩擦力。当液体分层流动时,两相邻流层因有相对运动而产生内摩擦力。在管道中流动的流体因受到黏滞阻力而流速变慢,为保正其按规定的流速流动,应预先算出所需的动力,以便购置相应的泵和风机。在交通工具的设计、发动机润滑油的研究、血液流动的研究等方面,黏滞阻力都是需要考虑的重要因素。

实验表明,黏滞阻力的大小与两相邻流层的接触面积及该处的速度梯度成正比,比例系数称为黏滞系数或黏度,通常用 η 表示,在国际单位制中的单位为 $Pa \cdot S$。黏滞系数受温度的影响很大,温度升高时,液体的黏滞系数减小,气体的黏滞系数增大。在发动机润滑油的研究中需要尽量减少黏滞系数受温度的影响。

测量液体黏滞系数的方法很多,有落球法、扭摆法、转筒法及毛细管法。其中落球法(也称斯托克斯法)是最常用的测量方法。

当一小球在黏滞性液体中下落时,在铅直方向受三个力的作用:向下的重力 mg,液体对小球的向上的浮力 $F=\rho_0 gV$(ρ_0 是液体的密度,V 是小球的体积),以及小球受到的与其速度方向相反的黏滞阻力 f。其中黏滞阻力不是小球与液体之间的摩擦力,而是小球表面黏附的液体与邻近液层因有相对运动而产生的摩擦力。如果液体是无限深广的,小球的半径 r、运动速度 v 均较小,且运动中不产生漩涡,则在黏滞系数为 η 的液体中,运动的小球受到的黏滞阻力为

$$f = 6\pi\eta r v \tag{2-1-9}$$

上式称为斯托克斯定律。

设小球由静止开始下落。在下落过程中,小球受到的重力、浮力均不变,而黏滞阻力与速度成正比。因此小球作变加速下落运动,加速度随速度的增加而减小并趋于 0,速度趋于常数。此时的速度通常称为收尾速度,记作 v_t。小球最终以 v_t 作匀速直线下落。此时重力、浮力、黏滞阻力三力平衡,即

$$F + f - mg = 0$$

若小球的密度为 ρ,则上式可写为

$$\frac{4}{3}\pi r^3 \rho_0 g + 6\pi\eta r v_t - \frac{4}{3}\pi r^3 \rho g = 0$$

整理得:
$$\eta = \frac{2}{9} \frac{(\rho - \rho_0) g r^2}{v_t} \tag{2-1-10}$$

由于液体并不是无限深广的,而是装在半径为 R 液体高度为 H 的量筒中,因而要考虑容器内壁对结果的影响。当考虑 R 和 H 对结果的影响时,(2-1-10)式变为

$$\eta = \frac{1}{18} \frac{(\rho - \rho_0) g d^2}{v_t \left(1 + 2.4 \dfrac{d}{D_0}\right)\left(1 + 3.3 \dfrac{d}{2H}\right)} \tag{2-1-11}$$

式中 d 为小球的直径,D_0 为量筒的内径。$(1 + 2.4 d/D_0)$ 为量筒内径对速率的修正,$(1 + 3.3 d/2H)$ 为液体深度对速率的修正。若测出小球以 v_t 匀速下落一段距离 L 所用的时间 t,则 $v_t = L/t$ 带入上式(2-1-11)可得

$$\eta = \frac{1}{18} \frac{(\rho - \rho_0) g d^2 t}{L \left(1 + 2.4 \dfrac{d}{D_0}\right)\left(1 + 3.3 \dfrac{d}{2H}\right)} \tag{2-1-12}$$

由(2-1-11)式看出,已知小球半径和密度,可以通过测量收尾速率 v_t 测得液体的黏滞系数。反之,已知液体的黏滞系数,可以通过测量收尾速率 v_t 来测小球半径。罗伯特·密立根就是采用这种

方法测出空气中下落的非常小的带电油滴的半径。

实验内容

如图 2-1-5 所示,实验的主要装置是一个装有待测油品的玻璃量筒,在量筒的上、下部各有一环线标志,它们之间的距离为 L(M_1 距液面,M_2 距筒底的距离一般不应小于 5 cm)。

1. 选择 10 个表面光滑、种类相同、半径相同的小球。

2. 依次用螺旋测微计测出直径 d。让小球从液面中心处由静止开始下落,用秒表测出小球通过距离 L 所用的时间 t。

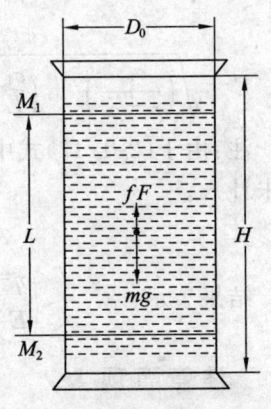

图 2-1-5 液体黏滞系数测定装置

3. 用米尺测出 M_1 与之 M_2 之间的距离 L 及液体深度 H,用游标卡尺测出量筒内径 D_0。

4. 用比重计测出液体的比重,并换算为密度 ρ_0。小球的密度由实验室给出。

5. 在实验前后各测一次油的温度,以平均值作为实验时的温度 T。

6. 计算黏滞系数 η 及标准差 $\sigma_{\bar{\eta}}$。

数据记录及处理

表 2-1-3　　　　　　　　$T_1 = $ _____ ℃　$T_2 = $ _____ ℃

次数	1	2	3	4	5	6	7	8	9	10
d(mm)										
t(s)										

$\rho = $ _____ kg·m^{-3}　$\rho_0 = $ _____ kg·m^{-3}

$\Delta \rho_0 = $ _____ kg·m^{-3}　$D_0 = $ _____ m　$H = $ _____ m

$L = $ _____ m　$\Delta L = $ _____ m　$\sigma_t = $ _____ s

$\bar{d} = \underline{\qquad}$ mm $\bar{t} = \underline{\qquad}$ s $\sigma_{\bar{d}} = \underline{\qquad}$ mm

$$\sigma_t = \frac{\Delta L}{\sqrt{3}} \quad \sigma_{\rho_0} = \frac{\Delta \rho_0}{\sqrt{3}} \quad \bar{\eta} = \frac{1}{18} \cdot \frac{(\rho - \rho_0) g \bar{d}^2 \bar{t}}{L \left(1 + 2.4 \dfrac{\bar{d}}{D_0}\right)\left(1 + 3.3 \dfrac{\bar{d}}{2H}\right)}$$

$$E = \sqrt{\left(\frac{\sigma_{\rho_0}}{\rho - \rho_0}\right)^2 + \left(\frac{\sigma_L}{L}\right)^2 + \left(\frac{\sigma_t}{t}\right)^2 + \left(2\frac{\sigma_{\bar{d}}}{\bar{d}}\right)^2} \qquad (2\text{-}1\text{-}13)$$

注:由于(2-1-12)式中分母中两个修正项的误差很小,故上式中未计入。

$$\sigma_{\bar{\eta}} = E \cdot \bar{\eta}$$

结果表示:$\begin{cases} \eta = \bar{\eta} \pm \sigma_{\bar{\eta}} \\ E = \qquad \% \end{cases}$

注意事项

1. 秒表的使用方法。
2. 实验过程中,油应保持静止无气泡。
3. 量筒应铅直放置,使小球沿筒的中心线下落。
4. 量筒上下部的环线标志 M_1 和 M_2 应水平.
5. 为保持实验时液体温度不变,应避免用手碰触量筒。且应先测小球下落时间 t,再测筒的内径 D、油的深度 H 和环线标志之间的距离 L。

思考题

1. 实验时造成测量误差的主要因素是什么?小球的大小对测量结果有什么影响?
2. 实验时为什么不能用手碰触量筒?先测小球下落时间,再测量筒内径、油的深度和环线标志之间的距离?

实验三 液体表面张力系数的测定

实验目的

1. 了解液体表面的性质。
2. 学习使用焦利秤,掌握用焦利秤测量液体表面张力系数的方法。

实验仪器

焦利称,游标卡尺,螺旋测微计。

实验原理

液体表面层中分子的受力情况与液体的内部不同。在液体内部,分子在各个方向上受力均匀,合力为零;而在表面层中,由于液面上方气体分子数较少,使得表面层中分子受到向上的引力小于向下的引力,合力不为零。这个合力垂直于液体表面,并指向液体内部,如图 2-1-6 所示。

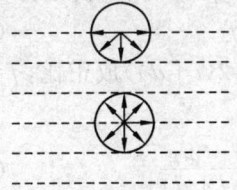 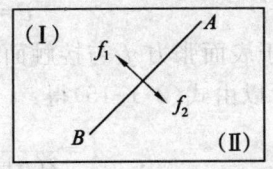

图 2-1-6 液体表面层　　图 2-1-7 液体表面
和内部分子受力示意图　　张力假想图

所以,表面层的分子有从液面挤入液体内部的趋向,从而使得液体的表面收缩,直到达到动态平衡(即表面层中分子挤入液体内部的速率与液体内部分子热运动而达到液面的速率相等)。这时,就整个液面来讲,如同拉紧的弹性薄膜。这种沿着表面,使液面收缩的力称为表面张力。

假想液面被一直线 AB 分为两部分（Ⅰ）和（Ⅱ），则（Ⅰ）作用于（Ⅱ）的力为 f_1，而（Ⅱ）作用于（Ⅰ）的力为 f_2，如图 2-1-7 所示。

这对平行于液面，且与 AB 垂直的大小相等、方向相反的力即是表面张力。其大小与 AB 的长度成正比，即

$$f = aL_{AB} \tag{2-1-14}$$

式中，比例系数 a 叫做表面张力系数，其大小与液体的成份、温度、纯度有关。温度升高，a 下降；杂质越多，则 a 越小。a 的单位为 $N \cdot m^{-1}$。

本实验是利用焦利称采用拉脱法测量液体的表面张力系数。

将一表面清洁的矩形金属片竖直浸入液体中，使其底面水平并轻轻提起。当金属片底面与液体表面相平，或略高于液面时，由于液体表面张力的作用，金属片的四周将带起一部分液体，使液面弯曲。

这时，金属片在竖直方向上受到：金属片的重力 mg；向上的拉力 P；液体表面对金属片的作用力——表面张力 $f\cos\varphi$。其中 φ 为液面与金属片侧面的夹角，称为接触角。如果金属片静止，则竖直方向上合力为零，有 $P = mg + f\cos\varphi$

在金属片脱离液体时，$\varphi \approx 0$，即 $\cos\varphi \approx 1$，则平衡条件变为

$$P = mg + f \tag{2-1-15}$$

由于表面张力 f 与接触面的周长 $2(l+d)$ 成正比，$f = a \cdot 2(l+d)$，所以由式（2-1-15）得：

$$a = \frac{f}{2(l+d)} = \frac{P-mg}{2(l+d)} \tag{2-1-16}$$

因此，只要通过实验测出拉力 p、mg 及 l 和 d，代入式（2-1-16），即可求出液体表面张力系数 a。

实验时，可用"⊓"形金属框架来代替金属片。这时，d 为框架金属丝的直径，l 为框架横梁的长度。当框架从液体中提起时，由于表面张力的作用，一部分液体被带起形成液体膜。当外力 $P > mg + f$ 时，液体膜破裂，框架脱出液面。取框架刚脱离液面瞬间时的外力 P 代入式（2-1-16）可得 a。

在式(2-1-16)中,若 l、d 的单位为 m,g 单位为 m·s^{-2},m 单位为 kg,f 单位为 N,则 a 的单位为 N·m^{-1}。

实验内容

1. 熟悉仪器。按图 2-1-8 将弹簧、指标杆和砝码盘挂好,仔细调节三底脚上的螺丝,使金属升降杆垂直,弹簧自然下垂并与升降杆平行,使指标杆在玻璃管中心,不与玻璃管壁相碰。练习调整升降杆平台三线对齐。

2. 测量弹簧的倔强系数。使三线对齐,读出砝码盘中不加砝码时米尺上的读数 L_0。然后使砝码盘中的砝码质量每次增加 m 克,共 9 次。分别记下对应各砝码质量的米尺读数 L_1、L_2、$\cdots$、L_9,用逐差法求出砝码质量增加 5 m 克弹簧伸长量的平均值 $\overline{L_{i+5}-L_i}$,再求弹簧的倔强系数 $\overline{K}$:

$$\overline{K} = \frac{5mg}{\overline{L_{i+5}-L_i}} \quad (2\text{-}1\text{-}17)$$

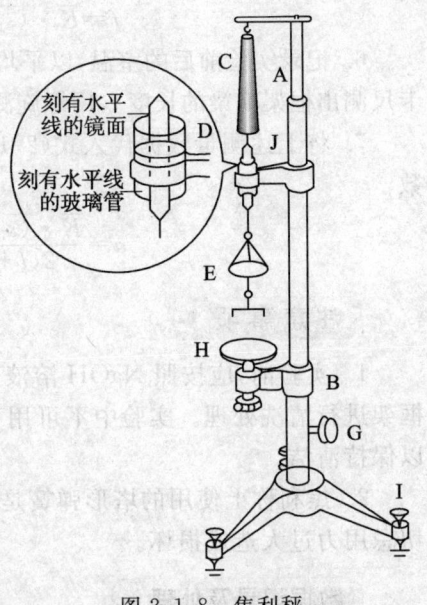

图 2-1-8 焦利秤

3. 将金属框架用酒精仔细擦净,或用镊子钳住在酒精灯上烧至暗红色,以除去油污。然后挂在指标杆下的挂钩上。转动旋钮 G 使三线对齐,读出框架在空气中三线对齐时米尺的读数。

4. 金属框架浸入平台上器皿的液体中,调节升降杆及平台下的螺丝,使三线对齐。然后使平台缓缓下降一点,因表面张力的作用,金属框架受到向下的力,使指标杆平面镜上水平刻线随着下降,重新调节升降杆,使三线对齐。再使平台下降一点,重复上述操作,直至金属框架脱离液面为止(此过程应轻轻调节缓慢进行始终保持三线对齐)。读出金属框架刚脱离液面时米尺的读数 S_1,则表面张力使弹簧的伸长量为 S_1-S_0。

5. 重复步骤 3、4 共五次,求出弹簧的平均伸长量 $\overline{(s_1-s_0)}$ 和标准误差 $\sigma_{\overline{(s_1-s_0)}}$,则

$$f=\overline{K}\cdot\overline{(s_1-s_0)} \qquad (2\text{-}1\text{-}18)$$

6. 记录实验前后的室温,以平均值作为液体的温度 T。用游标卡尺测出框架横梁的长度 l,用螺旋测微计测出框架金属丝的直径。

7. 将上述测量数据代入式(2-1-16)计算出液体的表面张力系数

$$a=\frac{\overline{K}\cdot\overline{(s_1-s_0)}}{2(l+d)} \qquad (2\text{-}1\text{-}19)$$

注意事项

1. 实验前,应按照 NaOH 溶液、酒精、蒸馏水的顺序将器皿和框架进行清洗处理。实验中不可用手触及液体、容器内壁及框架,以保持清洁。

2. 焦利称上使用的塔形弹簧是精密仪器,实验中要轻拿轻放,切忌用力过大造成损坏。

数据记录及处理

表 2-1-4 求 $\overline{s_1-s_0}$

次数	$S_0(10^{-3}\text{ m})$	$S_1(10^{-3}\text{ m})$	S_1-S_0 (10^{-3} m)	$\Delta(S_1-S_0)$ (10^{-3} m)	$\Delta(S_1-S_0)^2$ (10^{-6} m^2)
1					
2					
3					
4					
5					
			$\overline{(s_1-s_0)}=$		$\sum\Delta(S_1-S_0)^2=$

$L =$ _____ m, $\Delta L =$ _____ m, $d =$ _____ m, $\Delta d =$ _____ m, $T =$ _____ ℃

表 2-1-5　　　　用逐差法求 K

L_n (10^{-3} m)	L_m (10^{-3} m)	$L_m - L_n$ (10^{-3} m)	$\Delta(L_m - L_n)$ (10^{-3} m)	$\Delta(L_m - L_n)^2$ (10^{-6} m^2)
$L_0 =$	$L_5 =$			
$L_1 =$	$L_6 =$			
$L_2 =$	$L_7 =$			
$L_3 =$	$L_8 =$			
$L_4 =$	$L_9 =$			
		$\overline{(L_m - L_n)} =$		$\sum \Delta(L_m - L_n)^2 =$

思考题

1. 实验中,可否用图解法求焦利秤的倔强系数?如能求出,试与用逐差法计算的结果进行比较。

2. 用焦利秤测量时为什么必须三线对齐?二线对齐可以吗?

实验四 刚体转动惯量的测定

实验目的

1. 研究刚体的转动规律,测定刚体的转动惯量。
2. 观测刚体的转动惯量随其质量、质量分布及转轴位置而变化的规律。
3. 学习利用曲线改直及图解法或最小二乘法处理数据。

实验仪器

刚体转动实验仪、秒表、砝码、米尺等。

刚体转动实验仪构造如图 2-1-9 所示。A 是固定在轴承上具有不同半径 r 的塔轮,两边对称地伸出两根有等分刻度的均匀细柱 B 和 B′,B 和 B′上各有一个可移动的圆柱形重物 G(质量为 m_0),它们一起组成一个可以绕定轴转动的刚体系统。塔轮上绕一根细线,并绕过定滑轮 C 与砝码 D(质量为 m)相连。当砝码下落时,通过细线对刚体系施加外力矩,滑轮 C 的支架可以借固定螺丝而升降,以保证当细线绕塔轮的不同半径转动时都可以保持与转动轴相垂直。滑轮架上有固定螺丝,并有一个指示标记用来判断砝码的起始位置。刚体转动实验仪通过三个底角螺丝可以调节塔轮转轴竖直,调好后,底座水平仪气泡居中。

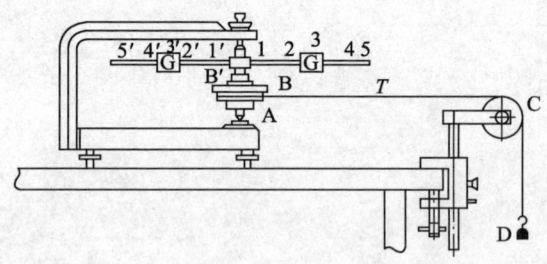

图 2-1-9 刚体转动实验仪

> **实验原理**

1. 测定转动惯量的原理

根据转动定律,当刚体绕固定轴转动时,有

$$M = I\beta \tag{2-1-20}$$

其中 M 是刚体所受合外力矩,I 是刚体对该轴的转动惯量,β 为角加速度。在本实验装置中,刚体所受合外力矩为

$$M = Tr - M_u \tag{2-1-21}$$

式中 M_u 为刚体转动轴的摩擦力矩;T 为细线的张力,并与转轴垂直;r 为塔轮半径。当忽略细线及定滑轮的质量、滑轮轴上的摩擦力,并忽略细线长度的伸缩,则当砝码以匀加速度 a 下落时,有

$$T = m(g-a) \tag{2-1-22}$$

式中,g 是重力加速度。设砝码由静止开始下落高度为 h,时间为 t,则有

$$h = \frac{1}{2}at^2 \tag{2-1-23}$$

又因砝码下落时,滑轮上的切向加速度为

$$a = r\beta \tag{2-1-24}$$

由(2-1-20)式至(2-1-24)式得

$$m(g-a)r - M_u = \frac{2hI}{rt^2} \tag{2-1-25}$$

在实验过程中,保持 $g \gg a$ 则有

$$mgr - M_u = \frac{2hI}{rt^2} \tag{2-1-26}$$

2. 测定转动惯量与验证转动定律的几种方法

若 M_u 不能忽略,则

(1) 根据(2-1-26)式,如果保持 r、h 及 G 位置不变,通过改变砝码 D 的质量 m 测出相应的下落时间 t,则有

$$m = \frac{2hI_1}{gr^2}\frac{1}{t^2} + \frac{M_u}{gr} = k_1\frac{1}{t^2} + c_1 \tag{2-1-27}$$

式中 $k_1 = \dfrac{2hI_1}{gr^2}, c_1 = \dfrac{M_u}{gr}$。

在直角坐标纸上作 $m - \dfrac{1}{t^2}$ 图。若为直线，则实验结果表明转动定律，即式(2-1-20)是成立的。由斜率 k_1 可求得 I_1，由截距 c_1，可以得出该过程平均摩擦力矩 M_u。

（2）根据式(2-1-26)，如果保持 D、h 及 G 位置不变，改变 r，则有

$$r = \dfrac{2hI_2}{mg}\dfrac{1}{rt^2} + \dfrac{M_u}{mg} = K_2 \dfrac{1}{rt^2} + c_2 \qquad (2\text{-}1\text{-}28)$$

式中 $k_2 = \dfrac{2hI_2}{mg}, c_2 = \dfrac{M_u}{mg}$。

在直角坐标纸上作 $r - \dfrac{1}{rt^2}$ 图。若为直线，说明式(2-1-20)是成立的。由斜率 k_2 可求得 I_2，由截距 c_2 可以得出该过程平均摩擦力矩 M_u。

实验内容 ▶

1. 调节实验装置

（1）按图把转动惯量仪放置在实验台上，将两钢质重锤固定在横杆(5,5′)处。检查滑轮和塔轮的转动部分是否转动自如。

（2）调节塔轮底座螺丝，使水准仪气泡处于中心，以保证塔轮转轴铅直。

（3）调节滑轮支架高度与位置，使细线与塔轮轴线垂直，检查秒表，用米尺测量下落高度 h。

2. 测定刚体的转动惯量即摩擦力矩

（1）用"方法(1)"测定刚体转动惯量并验证转动定律。将拉线一端系于塔轮，在半径 $r=2.50$ cm 的柱面轮均匀密绕，另一端系质量为 5.00 g 的砝码盘沿滑轮下垂，视 M_u 不变，改变砝码盘上砝码 D 的值。每次增加 5.00 g，直到增至 $m=35.00$ g 为止。

对每个砝码值，用秒表测量出砝码从标志处静止释放下落 h 高度的时间 t，重复测量三次，将数据记录在表 2-1-6 中，求平均值。

用作图法处理数据,将结果作 $\left(m-\dfrac{1}{t^2}\right)$ 图,用图解法求直线斜率 k_1 和截距 c_1,由 k_1 求转动惯量 I_1,由 c_1 求摩擦力矩 M_u,得出必要的结论。或用最小二乘法处理数据求出转动惯量 I_1。

(2) 用"方法(2)"测定刚体转动惯量并验证转动定律。将圆柱形重物仍放在 $(5,5')$ 位置,保持 $m=20.00$ g 不变,改变 r,分别取 $r=1.00$、1.50、2.00、2.50、3.00 cm。对每个 r 值,用秒表重复三次测量出砝码从标志处静止释放下落高度 h 的时间 t,将数据记录在表 2-1-6 中,求平均值。

用作图法处理数据,将结果作 $\left(r-\dfrac{1}{rt^2}\right)$ 图,用图解法求直线斜率 k_2 和截距 c_2,由 k_2 求转动惯量 I_2,由 c_1 求摩擦力矩 M_u,得出必要的结论。或用最小二乘法处理数据求出转动惯量 I_1。

数据记录及处理

表 2-1-6 $r=2.50$ cm, $h=$ cm

m(g)	t_1(s)	t_2(s)	t_3(s)	$\bar{t}$(s)	$(\bar{t})^{-2}(\times 10^{-1}\ s^{-2})$
5.00					
10.00					
15.00					
20.00					
25.00					
30.00					
35.00					

表 2-1-7 $m=20.00$ g, $h=$ cm

r(cm)	t_1(s)	t_2(s)	t_3(s)	$\bar{t}$(s)	$r^{-1}(\bar{t})^{-2}(\times 10^{-3}\ cm^{-1}\ s^{-2})$
1.00					
1.50					

续表 2-1-7

r(cm)	t_1(s)	t_2(s)	t_3(s)	$\bar{t}$(s)	$r^{-1}(\bar{t})^{-2}(\times 10^{-3}\ \text{cm}^{-1}\ \text{s}^{-2})$
2.00					
2.50					
3.00					

思考题

1. 说明本实验所要求满足的实验条件及它们在实验中是如何实现的？

2. 对本实验测量结果影响较大的因素有哪些？分析其各属于哪些误差？

3. 本实验可以采用哪几种常用的数据处理方法？

实验五 弹簧倔强系数和有效质量的测定

实验目的

1. 测量弹簧振子周期与质量的关系。
2. 测量弹簧的倔强系数。
3. 测量弹簧的有效质量。

实验仪器

焦利秤、砝码、弹簧、指示镜、指示管、砝码盘、停表等

实验原理

根据胡克定律,在弹性限度内弹簧的伸长 x 与所受的拉力 F 成正比,即:

$$F = -kx \tag{2-1-29}$$

比例系数 K 就是弹簧的倔强系数。

被拉伸后伸长为 x 的弹簧,其弹性恢复力为 $-kx$,"$-$"号表示恢复力指向弹簧的平面位置。

一个质量为 m 的物体系在弹簧的一端,在弹簧的弹性恢复力 $-kx$ 作用下,如果略去阻力,则物体作简谐振动。在不考虑弹簧自身的质量时,其周期

$$T = 2\pi\sqrt{\frac{m}{k}} \tag{2-1-30}$$

如果考虑弹簧的有效质量 m_0,则弹簧、物体系的振动周期为

$$T = 2\pi\sqrt{\frac{m+m_0}{k}} \tag{2-1-31}$$

实验内容及数据处理

1. 用静态法测定弹簧的倔强系数 K

(1) 当小盘中没有加砝码时,记下米尺的读数,依次在小盘中增加 1 克的砝码直到盘中砝码为 9 克为止,并记下米尺相应的读数 L_i。然后依次减去 1 克的砝码,记下相应的米尺的读数 L'_i。

(2) 计算出增加和减去时弹簧伸长读数的平均值 $\overline{L_i}$,将弹簧伸长数据分成两组,利用逐差法计算出质量增加 5 克的情况下弹簧的伸长量 ΔL。

由于所用弹簧的倔强系数很小,增加较小的质量就可引起弹簧较大的伸长量,因此,弹簧本身质量对伸长量的贡献不能忽略。但是,由于采用了逐差法,消除了弹簧自身质量对伸长量的影响。

(3) 利用 $k=\dfrac{\Delta mg}{\Delta L}$ 计算出弹簧的倔强系数。

(4) 计算出直接测量质量、伸长量的标准差,计算出间接测量弹簧倔强系数的标准差。

(5) 将测量结果表示出来。

表 2-1-8　　　　　测定弹簧的倔强系数 $k[\Delta m=5(g)]$

砝码质量 $m(g)$	增重时米尺读数 $L_i(cm)$	减重时米尺读数 $L_i(cm)$	加减重时平均值 $\overline{L_i}(cm)$	$\Delta L_i = L_{i+5} - L_i(cm)$	$k=\dfrac{\Delta mg}{L_{i+5}-L_i}(g \cdot s^{-2})$	$\delta_i = \Delta L_i - \overline{\Delta L}(cm)$
平均值						

2. 用动态法测量弹簧的振动周期与砝码质量 M 的关系

如前所述，弹簧自身的有效质量 m_0 与所加砝码相比不能略去．因此将(2-1-31)式写成

$$T^2 = 4\pi^2 \frac{M + m_1 + m_0}{k} \tag{2-1-32}$$

其中 m_1 为指示镜、挂钩和砝码盘的总质量，M 为所加砝码的质量。加不同的砝码质量 M_i 测得相应的 T_i，于是有

$$T_i^2 = \frac{4\pi^2}{k}(m_1 + m_0) + \frac{4\pi^2}{k} M_i \tag{2-1-33}$$

(1) 测出不同 M_i 下的 T_i，为了减少误差，测量振动周期时，必须一次测量 50 个周期的总时间 t，将所测量的数据填写在表格中，再计算出单个周期的时间，即有 $T_i = \dfrac{t_i}{50}$。

表 2-1-9　　　　测定弹簧的振动周期

M_i(g)	50周期 t_i(s)	$T_i = \dfrac{t_i}{50}$(s)	T_i^2	$T_{i+5}^2 - T_i^2$	$k = \dfrac{4\pi^2 \Delta M}{T_{i+5}^2 - T_i^2}$	m'(g)
0						
1						
2						
3						
4						
5						
平均值						

(2) 利用逐差法计算弹簧的倔强系数

将表格中的数据分成两组，即质量由 0 到 2 克为一组，3 克到 5 克为一组，利用逐差法计算出弹簧的倔强系数。

(3) 计算法求弹簧的有效质量

将(2-1-33)式改写为

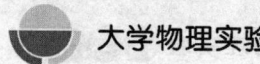

$$\frac{kT_i^2}{4\pi^2} - M_i = m_0 + m_1 = m' \qquad (2\text{-}1\text{-}34)$$

将 k、T_i^2、M_i 代入上式即可求得弹簧的有效质量、砝码盘和挂钩等的质量 m'，填写在表格中，称出 m_1 即可求得弹簧的有效质量

$$m_0 = m' - m_1 \qquad (2\text{-}1\text{-}35)$$

实验六 固体导热系数的测定

实验目的

1. 了解热传导的基本规律及散热速率的概念。
2. 掌握稳态法测定导热系数的方法。

实验仪器

FD-TC-Ⅱ型导热系数测定仪,数字电压表,热电偶,制冷仪,游标卡尺,夹子,表(自备)等。

实验原理

当温度不同的两物体接触,或一物体内部各处温度不均匀时就会发生热传导现象。1882年,法国数学家、物理学家约瑟夫·傅立叶给出了热传导的基本公式(傅立叶方程)

$$dQ = -k\left(\frac{dT}{dx}\right)dSdt \tag{2-1-36}$$

式中,dQ 表示在 dt 时间内通过 dS 面元传递的热量,$\frac{dT}{dx}$ 是沿 dS 面元法线处的温度梯度,k 为物质的导热系数。负号表示热量传递方向与温度梯度的方向相反。

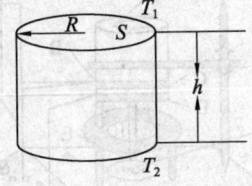

2-1-10 圆柱形样品

图 2-1-10 为厚度为 h 面积为 S 的圆柱形样品。若维持其上下表面为恒定的温度 T_1 和 T_2($T_1 > T_2$),侧面绝热,根据(2-1-36)

式,则在 Δt 时间内沿 S 法线方向从上向下传递的热量为

$$\Delta Q = k \frac{T_1 - T_2}{h} S \Delta t \tag{2-1-37}$$

由此可得材料的导热系数

$$k = \frac{h}{S(T_1 - T_2)} \cdot \frac{\Delta Q}{\Delta t} \tag{2-1-38}$$

式中,$\frac{\Delta Q}{\Delta t}$ 为样品材料沿 S 法线方向的传热速率。样品的 h、S 及上下表面的温度 T_1 和 T_2 容易测出,问题的关键是测定 $\frac{\Delta Q}{\Delta t}$。因为稳定导热时,样品的传热速率和散热速率是相等的,在实验中增加一个紧贴样品的散热盘,其在稳定导热时的散热速率即为 $\frac{\Delta Q}{\Delta t}$。

图 2-1-11 为实验仪器装置图。三个螺旋头支撑着一铜散热盘 D,其上放置一圆盘状待测样品 C,样品 C 上安放一发热盘 B。实验时发热盘 B 直接将热量通过样品上表面传入样品 C,散热盘 D 借助电扇有效稳定地散热,使传入样品的热量不断从样品的下表面散出。由于发热盘 B 与散热盘 D 为良导体,且 B 的下表面、D 的上表面与样品盘 C 的上、下表面密切贴合,故可以认为样品盘 C 上、下表面的温度分别与 B、D 盘的温度相同。当传入样品盘 C 的热量等于它散出的热量时,样品处于稳定导热状态,这时发热盘 B 与散热盘 D 的温度为一定的值(T_1 和 T_2)。

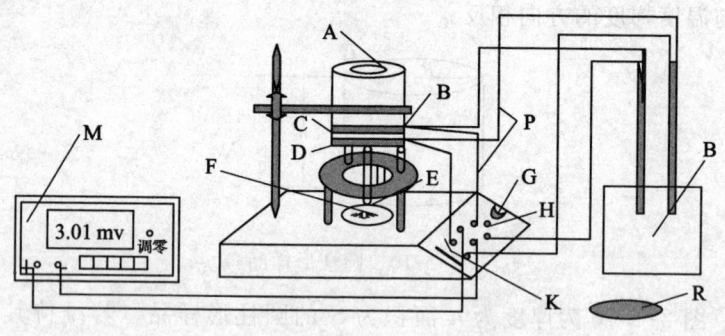

图 2-1-11　稳态法测定导热系数实验装置图

A—电热板盒　B—发热盘　C—等测样品　D—散热盘　E—螺旋头
F—风扇　G—电热板电源开关　H—风扇开关　K—等测电动势选择电键
M—数字电压表　N—制冷仪　P—热电偶　R—绝热板

测出稳定导热时的 T_1 和 T_2，然后抽出样品 C，使散热盘 D 的温度上升 20℃左右，移去加热盘 B，将样品 C（样品为金属时用绝缘板）覆盖在散热盘 D 上，使之自然散热。测出散热盘在 T_2 附近的冷却速率，可取为

$$\left.\frac{\Delta Q}{\Delta t}\right|_{T=T_2} = C_2 m_2 \left.\frac{\Delta T}{\Delta t}\right|_{T=T_2} \tag{2-1-39}$$

式中，C_2，m_2 分别为散热盘 D 的比热容和质量。

由(2-1-38)式估算散热速率时，计入的散热面为散热盘的上、下表面和侧面，即它的总面积，该面积为 $2\pi R_2^2 + 2\pi R_2 h_2$。实验中散热盘的上表面被样品覆盖，可视为不散热，所以实际散热面积为 $\pi R_2^2 + 2\pi R_2 h_2$。考虑到物体的散热速率与其散热面积成正比，将(2-1-39)式修正为

$$\left.\frac{\Delta Q}{\Delta T}\right|_{T=T_2} = C_2 m_2 \left.\frac{\Delta T}{\Delta T}\right|_{T=T_2} \cdot \frac{\pi R_2^2 + 2\pi R_2 h_2}{2\pi R_2^2 + 2\pi R_2 h_2} \tag{2-1-40}$$

即为稳定导热状态下样品材料的传热速率。

本实验采用热电偶与数字电压表来测量样品上、下表面的温度。记热电偶的温差系数为 α，当热电偶的高、低温端温度为 T 和 T_0 时，其温差电动势 $E = \alpha(T - T_0)$。保持冷端 $T_0 = 0$℃，则 $E = \alpha T$，于是有

$$T_1 = E_1/\alpha \qquad\qquad T_2 = E_2/\alpha \tag{2-1-41}$$

$$\frac{\Delta T}{\Delta t} = \frac{\Delta E}{\alpha \Delta t} = \frac{1}{\alpha} \cdot \frac{\Delta E}{\Delta t} \tag{2-1-42}$$

把(2-1-40)，(2-1-41)，(2-1-42)式带入(2-1-38)式得

$$k = \frac{C_2 m_2 h(R_2 + 2h_2)}{\pi R^2 (2R_2 + 2h_2)(E_1 - E_2)} \cdot \left.\frac{\Delta E}{\Delta t}\right|_{E=E_2} \tag{2-1-43}$$

式中，R 为样品盘的半径，E_1，E_2 为稳定导热时样品盘上下表面的温差电动势，$\left.\frac{\Delta E}{\Delta t}\right|_{E=E_2}$ 为稳定导热时散热盘温差电动势在 E_2 附近的下降速率。

当测量金属的导热系数时，T_1 和 T_2 的值为稳定导热时金属样品上下表面的两个温度（金属样品上下表面有可供插热电偶的小孔），此时散热盘 D 的温度记为 T_3。测 T_3 的值时，可在 T_1 和 T_2 值达到稳定时，将上面测 T_1 或 T_2 的热电偶移下来测量。此时有

$$k = \frac{C_2 m_2 h(R_2 + 2h_2)}{\pi R^2 (2R_2 + 2h_2)(E_1 - E_2)} \cdot \frac{\Delta E}{\Delta t}\bigg|_{E=E_3} \qquad (2\text{-}1\text{-}44)$$

实验内容

1. 熟悉装置结构。将待测样品放在发热盘 B 和散热盘 D 之间，松紧适中。

2. 按图 2-1-11 连接好仪器。发热盘 B 和散热盘 D（或待测金属的上、下端）侧面都有供安插热电偶的小孔，将热电偶的高温端尽量深地插入小孔，低温端插入制冷仪的冷端。

3. 数字电压表调零。打开数字电压表的电源开关，将数字电压表与导热系数测定仪的连线在数字电压表端断开，用调零旋钮调零，然后再连接好。

4. 将导热系数测定仪的电源开关 G 打到 220 V 位置，给发热盘 B 加热。打开风扇电源 H。通过切换 K 键，用数字电压表跟踪发热盘 B 和散热盘 D 的温度变化（显示为毫伏数），其中读数变化较快者为发热盘 B 的温差电动势。当发热盘 B 的温差电动势达到 4.00 mV 时，将导热系数测定仪的电源开关 G 打到 110 V 位置，继续对发热盘 B 加热。

5. 电压降至 110 V 后，每隔 5 分钟读取一次样品上、下表面的温差电动势 ε_1 和 ε_2（通过调节电键 K 切换），记录在表 2-1-10 中。测取若干组数据后，注意将每组数据与上一组相比较，若相邻两次读数相差不大（<0.03 mV），则可认为达到稳定导热状态，此时上、下表面的温差电动势的读数记作 E_1、E_2。

6. 抽出样品盘 C，让加热盘 B 紧贴散热盘 D 继续加热。旋动三个螺旋头 E，使散热盘 D 下降，用夹子将样品 C 取出，放在绝热板上，然后再旋动三个螺旋头 E，使散热盘 D 上升至紧贴加热盘 B，将导热系数测定仪的电源开关 G 打到 220 V 位置，继续加热，同时

用电压表跟踪散热盘 D 的温度变化(显示为毫伏数)。

7. 当电压表的示数比稳定导热时的值(E_2)大 0.8 mV 时,断开电源(将导热系数测定仪的电源开关 G 打到中间位置),迅速旋动三个螺旋头 E,降低散热盘 D(与发热盘间距 1 厘米以上),使散热盘 D 自然冷却。每隔 30 秒读取一次散热盘 D 的电动势 ε'_2,直到比稳定的 E_2 低 0.8 mV,将数据记录在表 2-1-11 中。关闭风扇电源开关,关闭数字电压表的电源开关。

8. 用游标卡尺测出样品盘和散热盘的半径 R 和 R_2,厚度 h 和 h_2。散热盘的质量 $m_2 = 1.000$ kg,比热容 $C_2 = 3.77 \times 10^2$ J/(kg ℃)。

9. 在方格坐标纸上作散热盘在散热过程中的 $\varepsilon'_2 \sim t$ 曲线,由曲线求出 $\varepsilon'_2 = E_2$ 的斜率 $\left.\dfrac{\Delta E}{\Delta t}\right|_{E=E_2}$ (若为金属,$\varepsilon'_3 = E_3$,此时 $\left.\dfrac{\Delta E}{\Delta t}\right|_{E=E_3}$)。

10. 根据(2-1-43)或(2-1-44)式估算被测样品材料的导热系数 k。

数据记录及处理

表 2-1-10　　　　　　　升温

t(min)	0	5	10	15	20	——
ε_1(mV)						
ε_2(mV)						

稳态值 $E_1 =$ _____ mV　$E_2 =$ _____ mV　($E_3 =$ _____ mV)

表 2-1-11　　　　　　　散热盘降温

t(s)	0	30	60	90	120	——
ε'_2 或 ε'_3(mV)						

测量值 $R =$ _____,　$h =$ _____,　$R_2 =$ _____,　$h_2 =$ _____。

注意事项

1. 导热系数测定仪的发热盘由支架固定，不要将仪器顶部的散热盒取下，以防触电或烫伤。

2. 要保护热电偶，热电偶的冷端应插入制冷仪的冷端，并尽量灌入适量的硅油。热电偶的高温端应蘸些硅油，并尽量深地插入小孔，切忌用力扯拽。

3. 升降散热盘时要快，尽量保持散热盘和发热盘平行，在两盘紧贴时，螺旋头的松紧应适度。

4. 风扇在实验过程中一直保持运行。

5. 实验完毕，关闭电源开关，拔下电源线。

思考题

1. 环境温度的变化会给实验结果带来什么影响？

2. 为什么要求出散热盘在 $\varepsilon'_2 = E_2$ 时温差电动势的下降速率？

3. 用式(2-1-43)计算导热系数 k 时要求哪些实验条件？在实验中如何保证？

4. 观察实验过程中环境温度的变化，分析实验过程中各个阶段环境温度的变化对结果的影响。

实验七 热敏电阻温度系数的测定

实验目的

1. 学会用惠斯登电桥测电阻,了解桥式电路的特点。
2. 了解热敏电阻的温度特性。
3. 学习曲线改直及单对数坐标纸的使用。

实验仪器

电源、WD-1型惠斯登电桥、热敏电阻加热器、数字温度计、待测电阻。

采用热敏电阻为感温元件的数字温度计,体积小、重量轻、灵敏度高、稳定性好,适用于对各种气体、液体和固体的温度测量。更换不同形式的传感器,可用作各种待测系统温度的测量,使用方法如下:

按下电源开关,接通电源,显示屏应有数字显示。按下校正按钮,显示屏应显示面板所表明的满度值,随机调节满度电位器,使之与所标满度值相等。放开校正按钮,根据待测量温度范围拨正量程开关,这时显示屏上出现被测系统的温度。

实验原理

1. 惠斯登电桥

电桥测量法是一种测量电阻的常用方法,平衡电桥采用比较法进行测量,即在平衡条件下,用标准电池与待测电池进行比较,以确定其阻值。它具有测试灵敏、精确和方便等特点。

电桥分为交、直流两大类。直流电桥又分为单臂电桥和双臂电桥,前者称惠斯登电桥,主要用于精确测量中值电阻($10 \sim 10^6 \ \Omega$);后者称开尔文电桥,适用于测低值电阻 $R \leqslant 1 \ \Omega$。交流电桥还可以测量电容、电感等物理量。

惠斯登电桥是直流平衡电桥。如图 2-1-12 所示，待测电阻 R_x 和 R_1、R_2、R_s 构成了电桥的四个桥臂，对角线 AC 间接入电源 E，另一对角线 BD 之间接检流计 G，用来比较 B、D 两点的电位。由于支路 BD 似"桥"一般架于 B、D 之间，故通常称它为桥路。调节 R_s，使 $U_B = U_D$，此时 G 中无电流通过，指针示零不动，称为电桥平衡，则有

$$U_{AB} = U_{AD} \qquad U_{BC} = U_{DC}$$
$$I_1 R_1 = I_2 R_2 \qquad I_x R_x = I_s R_s$$

因 $I_1 = I_x$，$I_2 = I_s$，从上两式得

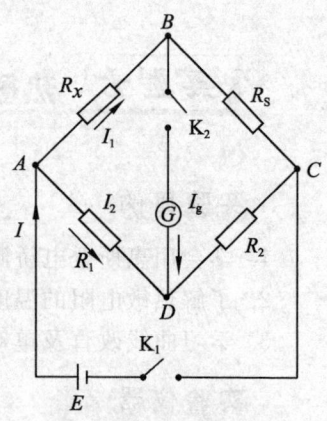

图 2-1-12 惠斯登电桥

$$R_x = \frac{R_1}{R_2} \cdot R_s = K R_s \qquad (2\text{-}1\text{-}45)$$

其中 $K = R_1/R_2$ 称为比率。若已知 K 和 R_s，则可得 R_x。

由于电桥采用与标准电阻相比较的方法，且标准电阻的精确度又较高，电桥的检流计较灵敏，且仅用它做平衡指示器，不需要提供读数，因此电桥具有灵敏度和精确度都较高的特点。

电桥的灵敏度越高，测量也就越精确。理论和实践都证明，电桥的灵敏度与它的电源电压、检流计灵敏度、桥路电阻大小及四个桥臂的搭配这四个因素有关。

2. 热敏电阻的阻值与温度的关系

由半导体材料制成的热敏电阻其导电性质不同于金属导体，它是靠载流子的定向迁移导电的。载流子数目越多，它的导电能力就越强。对金属导体来说，自由电子的定向运动随温度的升高而减弱，它的电阻—温度特性呈线性关系。半导体却相反，它的载流子数目随温度的升高而增多，它的电阻—温度特性呈非线性关系，在工作温度范围内，阻值随温度的增加而减小。经验方程为

$$R_T = R_{T_0} e^{B_n \left(\frac{1}{T} - \frac{1}{T_0} \right)} \qquad (2\text{-}1\text{-}46)$$

式中 R_T、R_{T0} 是温度为 T、T_0 时的阻值。显然,R_T 与 T 不是线性关系。B_n 是热敏电阻的材料常数,一般 B_n 值越大,阻值随温度的变化越大,绝对灵敏度越高。

在工程中,常取环境温度 25℃(即 $T_0 = 298$ K)为参考温度,将式(2-1-46)两边取对数,得

$$\ln R_T = B_n \left(\frac{1}{T} - \frac{1}{T_0} \right) + \ln R_0 \qquad (2\text{-}1\text{-}47)$$

即

$$\ln R_T = \frac{B_n}{T} + \left(\ln R_0 - \frac{B_n}{T_0} \right) \qquad (2\text{-}1\text{-}48)$$

式中 $\ln R_0 - \dfrac{B_n}{T_0}$ 为常量。

以 $\ln R_T$ 为纵坐标,$1/T$ 为横坐标,在单对数坐标纸上作 $\ln R_T$-$1/T$ 图,可得到斜率为 B_n,过点 $\left(0, \ln R_0 - \dfrac{B_n}{T_0}\right)$ 的一条直线。在直线上任取两点 $(1/T_1, \ln R_{T_1})$ 和 $(1/T_2, \ln R_{T_2})$,则斜率 B_n 为

$$B_n = \frac{\ln R_{T_1} - \ln R_{T_2}}{1/T_1 - 1/T_2} = \frac{2.303(\lg R_{T_1} - \lg R_{T_2})}{1/T_1 - 1/T_2} \qquad (2\text{-}1\text{-}49)$$

这就是热敏电阻材料常数的计算公式。

热敏电阻温度系数 a_m 根据定义为

$$a_m = \frac{1}{R_T} \cdot \frac{dR_T}{dT} \qquad (2\text{-}1\text{-}50)$$

(2-1-46)式对温度 T 求导数,则得到

$$a_m = \frac{1}{R_T} \cdot \frac{dR_T}{dT} = -\frac{B_n}{T^2} \qquad (2\text{-}1\text{-}51)$$

式(2-1-51)就是热敏电阻温度系数的计算公式,负号表示随温度 T 的升高,阻值 R_T 减小,该类电阻称为负温度系数热敏电阻。

图 2-1-13 为测量装置图。待测热敏电阻与数字温度计的探头置于加热器中,热敏电阻阻值由惠斯登电桥测取。

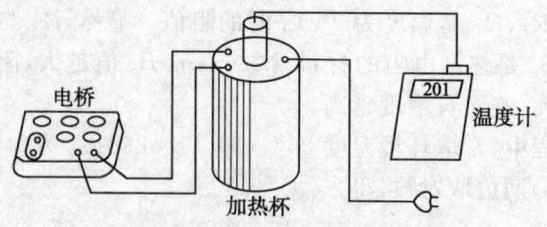

图 2-1-13　热敏电阻温度系数测量装置

实 验 内 容

1. 按图 2-1-13 接好线。惠斯登电桥的电源电压取为 4 V。
2. 熟悉惠斯登电桥的使用方法及其调节规律。用电桥测量出热敏电阻在室温下的阻值。
3. 测量热敏电阻的阻值随温度变化的规律。将热敏电阻加热器通 220 V 的交流电,加热至 95℃时断电,然后自然冷却,从 95℃ 开始,每隔 5℃测一次电阻值,共测 8~10 组 T、R_T 值。

数据记录及处理

1. 所测数据记入表 2-1-12 中并完成表中各量的计算

表 2-1-12　　　　室温 $T=$＿＿℃　室温时的阻值 $R_T=$＿＿Ω

阻值 $R_T(\Omega)$										
温度 $T(℃)$	95.0	90.0	85.0	80.0	75.0	70.0	65.0	60.0	55.0	50.0
$T(K)$										
$\frac{1}{T}(\times 10^{-3} K^{-1})$										

2. 用图解法求出热敏电阻的材料常数

在单对数坐标纸上,以表 2-1-12 中的 $\frac{1}{T}(\times 10^{-3} K^{-1})$ 为横轴,阻值 $R_T(\Omega)$ 为纵轴,按 R_T 与 $1/T$ 的一一对应数据,作出 $\ln R_T \sim 1/T$ 曲线。由式(2-1-49)求出材料常数 B_n。

3. 计算参考温度 $T=25℃$ 时的 a_{tn} 值。

📚 **思考题**

1. 电桥测电阻时,若出现以下现象:
(1) 检流计指针总是偏向一边。
(2) 检流计指针总是不偏转。
试分析产生此现象的原因。

2. 热敏电阻与温度的关系为非线性的,本实验怎样进行线性化处理的?在图解法中怎样实现曲线改直?

3. 如何减小温度不稳定对测量的影响?

实验八 导体电阻率的测定

实验目的

1. 了解双臂电桥的结构特点及测量低值电阻的工作原理。
2. 学习使用双臂电桥测低值电阻的方法。
3. 测量导体的电阻率。

实验仪器

QJ42型携带式直流双臂电桥、待测电阻、螺旋测微计、米尺。

QJ42型携带式直流双臂电桥,可测 0.000 1~11 Ω 电阻。各工作部件如图 2-1-14 所示。全量程由×100、×10、×1、×0.1、×0.01五个倍率和步进读数盘(十进盘)及滑线读数盘组成。灵敏度可调节,在测量未知电阻时,为保护指零仪不被破坏,指零仪的灵敏度调节旋钮应放在最低位置,使电桥初步平衡后再增加指零仪灵敏度。指零仪的偏转大于、等于一个分格就能满足测量准确度的要求。灵敏度不要过高,否则不易平衡,测量时间过长。

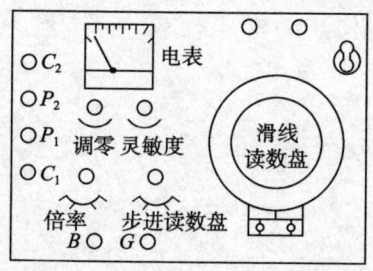

2-1-14 QJ42 型携带式直流双臂电桥

通常,用具有滑线盘的双臂电桥测电阻时,基本测量误差 ΔR_x 按以下方法估算。

当准确度等级 $S=0.05, 0.1$ 时

$$\Delta R_x = \pm k_r (R_s \cdot S\% + \Delta R)$$

式中,k_r 为电桥的倍率比例系数;ΔR 是滑线盘的最小分度值。
当 $S=0.2,0.5,1,2$ 时

$$\Delta R_x = R_{\max} \cdot S\%$$

式中,$R_{\max}$ 是电桥在某一倍率下的最大量程。QJ42 型携带式直流双臂电桥的倍率、有效量程、准确度等级如表 2-1-13 所示。

表 2-1-13

倍率(M)	有效量程(Ω)	准确度等级(S)
×100	1~11	0.2
×10	0.1~1.1	0.2
×1	0.01~0.11	0.2
×0.1	0.001~0.011	0.5
×0.01	0.0001~0.0011	1

▶ 实验原理 ▶

1. 导体电阻率的测量原理

通常情况下,导体的电阻率与其材料的物理性质和几何形状有关。由实验可知,导体的电阻 R 与其长度 L 成正比,与其横截面 S 成反比,有关系式

$$R = \rho \cdot \frac{L}{S}$$

式中,比例系数 ρ 为导体的电阻率。若导体为圆柱体,其横截面直径为 d,长为 L,则

$$\rho = R \cdot \frac{S}{L} = R \cdot \frac{\pi d^2}{4L}$$

因为导体的电阻值较小,使用欧姆表、惠斯登电桥等普通仪器测其阻值,会受到附加电阻(导线电阻和接触电阻)的影响而无法测准。所以,对导体这类低值电阻的测量,通常采用直流双臂电桥来完成。

2. 直流双臂电桥的结构特点及测量原理

双臂电桥也称开尔文电桥,是测量 10 Ω 以下低值电阻的常用仪器。

在测量低值电阻时,必须考虑附加电阻(接触电阻和导线电阻,一般约为 0.001 Ω)的影响。用惠斯登电桥测低值电阻时,由于附加电阻构成桥臂的一部分,并且其阻值接近甚至超过被测电阻,因此会导致很大的误差,甚至使测量毫无价值。直流双臂电桥是在惠斯登电桥的基础上加以改进而成的,它能消除附加电阻对测量结果的影响,能较精确的测得低值电阻的阻值。

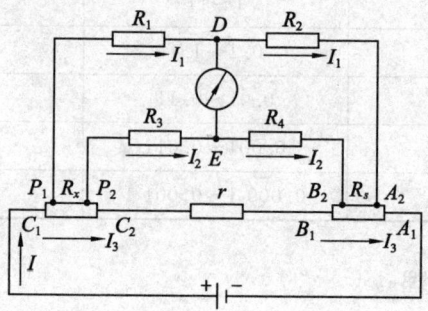

图 2-1-15　双臂电桥原理图

双臂电桥的原理如图 2-1-15 所示。图中 R_x 是待测低值电阻。与单臂电桥不同的是,双臂电桥在接有检流计 G 的下端增加了附加桥臂 R_3 和 R_4,并设计使 R_1、R_2、R_3、R_4 的阻值远比 R_x 和 R_s 的大,电源的两端分别与 R_x 和 R_s 相连接,将每个连接端分为两个接点,如图 2-1-14 中的 C_1 和 P_1,A_1 与 A_2。这样就把 A_1、C_1 点的接触及连线电阻分别归入到电源内阻中,使该附加电阻被排除在桥路之外,对测量没有影响。P_1、A_2 点的接触及连线电阻被分别归入两个大阻值的桥臂电阻 R_1 和 R_2 中,其影响可忽略。同样,将连接 R_x 和 R_s 的两端 C_2、P_2 和 B_1、B_2 接点,P_2、B_2 两点的接触及连线电阻归入至附加桥臂的大阻值电阻 R_3 和 R_4 中。将 C_2、B_1 两点用粗导线相连,设导线与两接点的总阻值记为 r,在设计中适当选择 R_1、R_2、R_3、R_4 的阻值,即可消去附加电阻 r 对测量的影响。

如此设计,既可以把附加电阻的影响排除于 R_x 和 R_s 两个低值桥臂之外,使电桥可测低值电阻,又由于用粗导线连接 C_2 与 B_1,使通过 R_x 与 R_s 的电流较大,其上的压降也较大,二者获得电源的大部分电压,因而 R_x 与 R_s 阻值的变化对桥路中 E 点的电位影响显著,从而可提高双臂电桥的测量灵敏度。

调节电桥平衡的过程,就是调节电阻 R_1、R_2、R_3、R_4 和 R_s,使检流计中的电流 $I_g=0$ 的过程。当电桥平衡时,通过 R_1 和 R_2 的电流相等,通过 R_3 和 R_4 及通过 R_x 和 R_s 的电流也分别相等,图 2-1-15 中分别以 I_1、I_2 和 I_3 表示。因 D、E 两点等电位,故有

$$I_1 R_1 = I_3 R_x + I_2 R_3$$
$$I_1 R_2 = I_2 R_4 + I_3 R_s$$
$$(I_3 - I_2) r = I_2 (R_3 + R_4)$$

联立以上三式得

$$R_x = \frac{R_1}{R_2} \cdot R_s + \frac{r R_4}{R_3 + R_4 + r} \left(\frac{R_1}{R_2} - \frac{R_3}{R_4} \right) \quad (2\text{-}1\text{-}52)$$

设计使 $R_1 = R_3$,$R_2 = R_4$ 或者 $R_1/R_2 = R_3/R_4$,则上式右边的第二项为 0,从而得到双臂电桥平衡时待测电阻为

$$R_x = \frac{R_1}{R_2} \cdot R_s \quad (2\text{-}1\text{-}53)$$

为保证等式 $R_1/R_2 = R_3/R_4$ 关系在使用电桥过程中始终成立,通常将两对比例臂 (R_1/R_2) 和 (R_3/R_4) 做得分别相等,并能进行同步调整,即在仪器的相应旋钮的任一位置处都能保证 $R_1 = R_3$ 及 $R_2 = R_4$,这样在电桥平衡时,既保证了式(2-1-53)的成立,又消除了附加电阻 r 对测量结果的影响。

R_1/R_2 的值由电桥倍率读数开关的示数给出,R_s 的值由电桥步进读数开关与滑线读数盘的示数给出。调节以上旋钮,可使电桥平衡。此时将倍率开关读数和步进开关与滑线读数的和相乘,就得到被测电阻 R_x 的值。

应当指出,在双臂电桥中,低值电阻 R_s 和 R_x 各有 4 个接线端,这种电阻称为四端电阻,此种接线方式称为四端接线法。显然,测得的 R_x 的阻值应是 P_1 与 P_2 两接点内侧的电阻阻值。在四

端电阻中,由于流经 R_x 的两接点 C_1、C_2 的电流比较大,常称接点 C_1、C_2 为电流端;另两接点 P_1、P_2 则称为电压端。采用四端连接法可大大减少附加电阻对测量的影响。

总之,双臂电桥能测低值电阻的主要原因在于:增加了附加桥臂(电阻为 R_3 和 R_4),R_s 和 R_x 采用了四端连接。并通过设计加大了通过 R_s 和 R_x 的电流。

实验内容

1. 将待测金属导体棒连成四端电阻,如图 2-1-16 所示,并按照四端连接法将其连接在电桥的对应接线柱上,如图 2-1-17 所示。P_1 与 P_2 两点之间的导体棒为被测电阻 R_x。

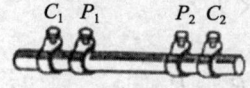
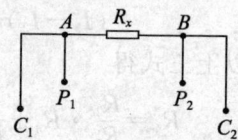

图 2-1-16　四端电阻　　　图 2-1-17　四端电阻与电桥连接

2. 插上外接电源,灵敏度调节居中,选择适当的倍率 M。

3. 按下 G 钮(接通检流计),再跃按 B 钮(接通电源),调节步进和滑线读数盘,使指针示零,此时电桥平衡。记录下阻值 R_s。

$$R_s = 步进盘读数 + 滑线盘读数$$

则

$$R_x = MR_s$$

4. 螺旋测微器测出圆柱形金属棒在 3 个不同位置处的直径 d,取平均值 $\bar{d}$。

5. 用米尺测量 P_1、P_2 之间的金属棒长度 $L(L \approx 30 \text{ cm})$。

6. 计算导体的电阻率 $\rho = \pi d^2 R / 4L$。

7. 计算测量的基本误差 $\Delta R_x = R_{\max} \cdot S\%$。

数据记录及处理 ▶

表 2-1-14

导体 \ 待测量	d(mm)				L(cm)	M	$R_s(\Omega)$	$R_x(\Omega)$	$\rho(\Omega m)$	$\Delta R_x(\Omega)$
	d_1	d_2	d_3	$\bar{d}$						
铜										
铝										
铁										

注意事项 ▶

1. 连接导线应短且粗。各接点必须洁净,以保证接触良好。

2. 通过低值电阻的电流较大会使电阻发热而导致其阻值变化产生测量误差;同时大电流也使仪器受损,故应跃按 B 钮,使通电时间短暂。

3. 测量完毕,应松开 B 与 G 按钮,断开电源开关。

思考题

1. 直流双臂电桥与惠斯登电桥有哪些异同之处?

2. 双臂电桥电路为什么可用来测低值电阻?它是如何消除附加电阻对测量的影响的?采用何种措施提高测量灵敏度?

实验九 衍射光栅测波长

实验目的

1. 观察光栅衍射现象,了解衍射光栅的主要特点。
2. 了解分光计的结构,学会正确的调整方法。
3. 掌握在分光计上用透射光栅测量光波波长的方法。

实验仪器

JJY-1 分光计、平行平面反射镜、汞灯、透射光栅。

1. JJY-1 分光计的构造

不同类型的分光计在结构上各有其特点,但基本结构一致,JJY-1 型分光计一般包含以下几个主要部件:底座、中心轴、游标盘、度盘、平行光管、望远镜及载物台。如图 2-1-18 所示。

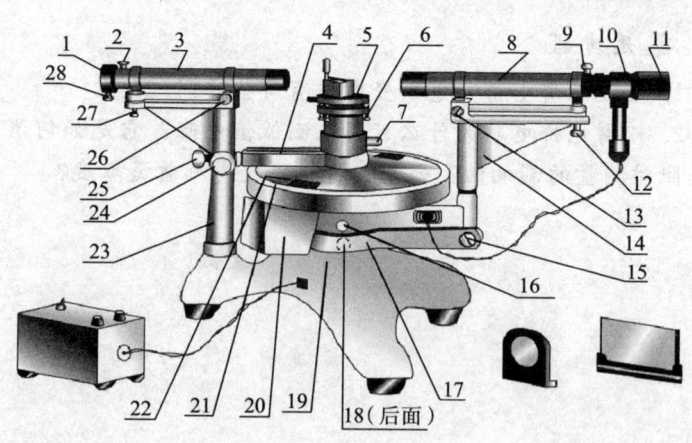

图 2-1-18 JJY-1 型分光计

1—狭缝装置;2—狭缝装置锁紧螺钉;3—平行光管部件;4—载物台制动架;
5—载物台;6—载物台调平螺钉(3只);7—载物台锁紧螺钉;8—望远镜部件;

9—目镜锁紧螺钉;10—阿贝式准直目镜;11—目镜视度调节手轮;12—望远镜光轴仰角调节螺钉;13—望远镜光轴水平方位调节螺钉;14—支臂;15—望远镜微调螺钉;16—转座与度盘止动螺钉;17—望远镜止动螺钉;18—望远镜制动架;19—底座;20—转座;21—度盘;22—游标盘;23—立柱;24—游标盘微调螺钉;25—游标盘止动螺钉;26—平行光管光轴水平方位调节螺钉;27—平行光管光轴仰角调节螺钉;28—狭缝宽度调节手轮

(1) 中心轴固定在底座中央,度盘和游标盘套在中心轴上,可以绕中心轨旋转。度盘下端有一推力轴承支撑,使旋转轻便灵活。度盘上有 720 份等分的刻线。

每格格值为 30 分,对径方向设有两个游标,测量时,读出两个读数值,然后取平均值,这样可以消除偏心引起的误差。

(2) 平行光管装在固定立柱上,其光轴位置可以通过立柱上的调节螺钉来进行微调。平行光管一端装有可调狭缝,可沿光轴移动和转动。狭缝宽度可在 0.02~2 mm 内调节。阿贝式自准直望远镜安装在固定于转座上的直臂上,当松开制动螺钉时,转座与度盘可以相对转动。旋紧制动架与底座上的制动螺钉时,借助制动架末端上的调节螺钉可以对望远镜进行水平旋转微调。望远镜的光轴位置也可通过调节螺钉进行微调。望远镜系统的目镜可以沿光轴移动和转动。目镜的视度也可调节。

载物台套在游标盘上,可以绕中心轴旋转,旋转载物台锁紧螺钉和游标盘锁紧螺钉时,借助立柱上的调节螺钉可以对载物台进行旋转微调。松开载物台的锁紧螺钉后,载物台可根据需要升高或降低,调好后将锁紧螺钉旋紧。载物台上有三个调平螺钉用来调节,使载物台面与旋转中线垂直。

2. JJY-1 分光计的调节

(1) 目镜调焦

目镜调焦的目的是使眼睛通过目镜能很清楚地看到分划板上的刻线。

调焦方法:先把目镜调焦手轮旋出,然后一边旋进一边从目镜中观察,分划板像由不清晰到清晰再到不清晰即可停止旋进,再将调焦手轮慢慢旋出,直到分划板像回到最清晰处为止。

(2)望远镜的调焦

望远镜的调焦目的是将目镜分划板上的十字线调整到物镜焦面上,也就是望远镜对无穷远调焦。其方法如下:

A. 接通电源。

B. 把望远镜调到适中位置。

C. 在载物台中央放上光学平行平板。其反射面对着望远镜且与望远镜光轴垂直。

D. 通过对载物台调平和转动从目镜中观察可以看到一亮斑。这时前后移动目镜,使亮十字线重合,往复移动目镜,使亮十字与分划板十字无视差的重合。

(3)调整望远镜的光轴使其垂直旋转主轴

A. 调整望远镜的光轴位置,使反射回来的亮十字精确地成像在十字线上。

B. 把游标连同载物台平行平板旋转180度,这时亮十字线与十字线垂直方向上产生位移,即亮十字线可能偏高或偏低。

C. 调整载物台调平螺钉,使位移减少一半。

D. 调整望远镜光轴,使垂直方向位移完全消除。

E. 把游标盘连同载物台、平行平板再转过180度,检查其重合程度,重复C和D,使偏差得以完全校正。

(4)将分划板十字线调成水平和垂直

当载物台连同光学平行平板相对于望远镜旋转时,观察亮十字是否水平移动,如果分划板的水平刻线与亮十字的移动方向不平行,可转动目镜,使二者平行,注意不要破坏望远镜的调焦,调好后将目镜锁紧。

(5)平行光管的调焦

平行光管调焦的目的是把狭缝调整到物镜焦面上,即平行光管对无穷远调焦。方法如下:

A. 去掉目镜照明光源,打开狭缝,用漫射光照明狭缝。

B. 在平行光管物镜前放一张白纸,检查在纸上形成的光斑,调节光源位置,使得在整个物镜孔上照明均匀。

C. 除去白纸,把平行光管光轴调到左右适中的位置,将望远镜管对正平行光管,从望远镜目镜中观察,调节望远镜和平行光管,使狭缝位于视场中心。

D. 前后移动狭缝机构,使狭缝清晰地成像在望远镜分划板上。

(6) 调整平行光管光轴垂直于旋转主轴

调整平行光管上下位置,升降狭缝像的位置,使狭缝与目镜视场中心对称。

(7) 将平行光管狭缝调成垂直

旋转狭缝机构,使狭缝与目镜分划板的垂直刻线平行,注意不要破坏平行光管的调焦,然后将狭缝装置锁紧螺钉旋紧。

实验原理

光栅相当于一组数目极多的等宽、等间距平行排列的狭缝。根据衍射理论,当一束单色平行光垂直入射到光栅平面上时,便发生对称衍射现象。用透镜将衍射光汇聚于焦平面处的光屏上,便可看到一系列明暗相间的条纹。

根据夫琅和费衍射理论,当一束平行光垂直地投射到光栅平面上时,光通过每条狭缝都发生衍射,所有狭缝的衍射光又彼此发生干涉,

经透镜会聚后在透镜的第二焦平面上形成一组亮条纹(又称光谱线),如图 2-1-19 所示。各级亮纹产生的条件是:

$(a+b)\sin\phi = d\sin\phi = k\lambda$ ($k=0,\pm 1,\pm 2,\cdots$)   (2-1-54)

式(2-1-54)称为光栅方程。式中,a 为缝的宽度,b 为缝间距离,$d=a+b$ 称为光栅常数,ϕ 为衍射角,k 为广谱的级次,λ 为入

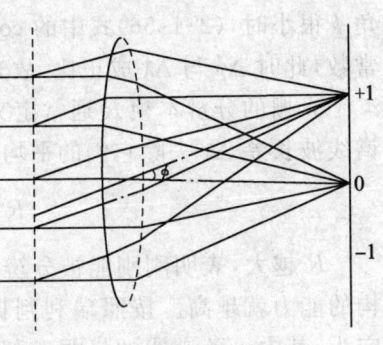

图 2-1-19 光谱线的形成

射光的波长。在 $\phi=0$ 的方向上可以观察到中央极强,称为零级谱线,其他 $\pm1,\pm2,\cdots$ 级的谱线对称的分布在零级谱线的两侧。

如果入射光不是单色光,则由式(2-1-54)可以看出,对不同波长的光,同一级谱线将有不同的衍射角。除 $k=0$ 外,其余各级谱线将按波长增加的次序依次排开,于是复色光被分解。在透镜的焦平面上出现自零级开始左右两侧由短波向长波排列的各种颜色的谱线,称为光栅衍射光谱。如图 2-1-18 所示。

如果已知光栅常数 d,用分光计测出第 k 级光谱中某一条纹的衍射角,由式(2-1-54)可算出该条纹所对应的单色光的波长。

衍射光栅的基本特征有两个:一是角色散率,二是分辨本领。

光栅的角色散率 D_θ 是指同级光谱中两条谱线衍射角之差 $\Delta\phi$ 与其波长差 $\Delta\lambda$ 之比,即

$$D_\theta = \frac{\Delta\phi}{\Delta\lambda} \qquad (2\text{-}1\text{-}55)$$

将式(2-1-54)微分代如上式,得

$$D_\theta = \frac{\Delta\phi}{\Delta\lambda} = \frac{k}{d\cos\phi} \qquad (2\text{-}1\text{-}56)$$

由上式可知,光栅的角色散率与光栅常数 d 成反比,与级次 k 成正比。但角色散率与光栅中衍射单元的总数 N 无关,它只反映两条谱线中心分开的程度,而不涉及它们是否能够分辨。当衍射角 ϕ 很小时,(2-1-56)式中的 $\cos\phi\approx1$,角色散率 D_θ 可以近似看作常数,此时 $\Delta\phi$ 与 $\Delta\lambda$ 成正比,故光栅光谱称为匀排光谱。

光栅的分辨本领 R 通常定义为两条刚好能被该光栅分辨开的谱线波长差 $\Delta\lambda$ 去除它们的平均波长 λ,即

$$R = \frac{\lambda}{\Delta\lambda} \qquad (2\text{-}1\text{-}57)$$

R 越大,表明刚刚能被分辨开的波长差越小,光栅分辨细微结构的能力就越高。按照瑞利判据,两条刚好能被分辨开的谱线规定为:其中一条谱线的极强正好落在另一条谱线的极弱上。由此条件可推知,光栅的分辨本领公式为:

$$R = kN \qquad (2\text{-}1\text{-}58)$$

式中 N 是光栅有效使用面积内的刻线总数目。上式说明光栅在使用面积一定（宽度 L 一定）的情况下，使用面积内的刻线数目越多，分辨本领越高；对有一定光栅常数 d 的光栅，有效使用面积越大，分辨本领越高（是因为刻线数目越多谱线越细锐的缘故）；高级数比低级数的光谱有较高的分辨本领。由于通常所用光栅的光谱级数不高（一般实验室使用的光栅的光谱级数为 1 级和 2 级），所以光栅的分辨本领主要取决于有效使用面积内刻线数目 N。物理实验中常用的是每毫米约有 600 条刻线或 300 条刻线的光栅。

实验内容 ▶

1. 按前述分光计的调整要求、步骤和方法调好分光计。

2. 使光栅平面与平行光管的光轴垂直，在望远镜与平行光管共线的条件下将光栅按图 2-1-20 放置在原来放平面镜的载物台上（药膜面向着平行光管），使光栅随载物台和游标盘一同适当旋动，用自准直法适当调节载物台下与光栅不在同一平面的调平螺钉，使从望远镜射出的平行光经光栅平面反射回来也能成像于准直叉丝的位置，于是光栅平面便与平行光管的光轴垂直。

3. 使光栅缝纹（刻痕）与分光计中心轴平行，旋转望远镜（先放松止动螺钉 17），观察各级衍射光在望远镜形成的狭缝像。并比较它们出现在分划板上的位置高低。若左、右各级狭缝像高低不同，表明光栅缝纹与分光计中心轴不平行，故应调节载物台面下与光栅处于同一平面的那个调平螺钉，使光栅在自身平面内旋转，直到左、右各级狭缝像高度一致为止（注意：不可调另外两个调平螺钉，以免破坏入射光与光栅垂直的条件）。

4. 测量各级衍射角，转动望远镜，使望远镜叉丝竖线对准 $k=+1$ 级中黄光，减小狭缝宽度，直到黄光明显分为两条谱线。然后使望远镜叉丝竖线依次对准 $k=+1$ 级衍射光所形成的狭缝像中心，利用 A、B 两个角游标读出各级衍射光的角坐标 θ_k、θ'_k；再将望远镜转到中央明纹的另一侧，对准 $k=-1$ 级各衍射谱线，并记录各谱线对应角坐标 θ_{-k}、θ'_{-k}，数据填入表中。则每一衍射角为

$$\overline{\varphi}_k = \frac{1}{4}[|\theta_k - \theta_{-k}| + |\theta'_k - \theta'_{-k}|] \qquad (2-1-59)$$

要求	特征	为达到该要求而采取的措施
	（a）	
1. 用自准直法将望远镜调焦于无穷远	分划板上呈现清晰的亮十字像（但像的位置高低不限） 注：倾角太大则无十字像，镜面微斜则十字像偏低 （b）	1. 仔细目测粗调 2. 调节载物台下调平螺钉，也可同时调节望远镜仰角调节螺钉 3. 调节望远镜分划板与透镜的距离，使十字像清晰并无视差
2. 使平面镜平行于分光计中心轴	前后两次十字像等高，但十字像与准直叉丝不重合 （c）	调节载物台下的调平螺钉，使亮十字像向平均高度靠拢（正反两次亮十字像趋于等高）

续表

要求	特征	为达到该要求而采取的措施
3. 使望远镜光轴与分光计中心轴垂直	前后两次十字像均与准直叉丝重合 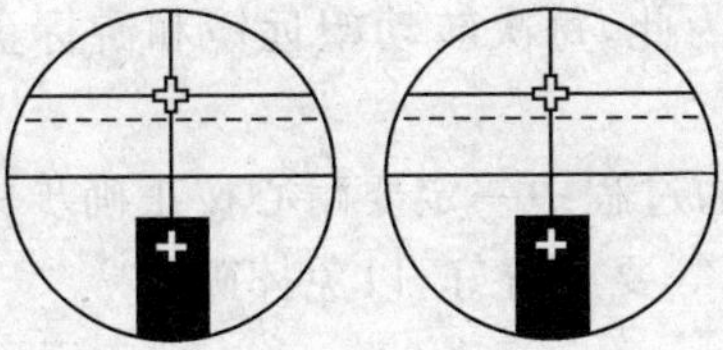 (d)	调节望远镜仰角螺钉,使亮十字像与准直叉丝重合

图 2-1-20　衍射光栅测波长

数据记录及处理

表 2-1-15　　光栅常数 $d=1/600$(mm)

颜色	$\lambda_{标}$	θ_k	θ_{-k}	θ'_k	θ'_{-k}	$\overline{\varphi}_k$	$\lambda_{测}$	$E(\%)$
紫	404.66							
蓝紫	435.84							
绿	546.07							
黄(2)	576.96							
黄(1)	579.06							

计算公式:

$$\overline{\varphi}_k = \frac{1}{4}[|\theta_k - \theta_{-k}| + |\theta'_k - \theta'_{-k}|]$$

$$\lambda_{测} = d\sin\overline{\varphi}_k \quad (k=1)$$

$$E = \frac{|\lambda_{测} - \lambda_{标}|}{\lambda_{标}} \times 100\%$$

注意事项

1. 望远镜、平行光管上的镜头、平面镜镜面、光栅表面均不能用手摸拭。有尘埃等物时,应用擦镜纸轻轻揩,但光栅的药膜面不能揩擦,必要时用清水缓缓冲洗。

2. 望远镜和游标盘在止动螺钉旋紧的情况下不能强行扳转它们,以免损坏转轴。为此,每次转动望远镜和游标盘前先检查一下止动螺钉是否放松。

3. 调整分光计的过程中一定要耐心按正确步骤进行调整。

4. 平面镜、光栅等要放置好,以免摔破。

思考题

1. 分光计为什么要调整到望远镜光轴与分光计中心轴垂直? 不垂直对测量结果有何影响?

2. 实验中如果两边光谱线不等高,对测量结果有何影响?

3. 本实验有哪些因素影响测量的准确度? 哪些因素影响测量的精密度?

4. 两条很靠近的谱线若用光栅不能分辨开来,问是否可以使它们经光栅后,再用放大系统将它们分开?

实验十 密立根油滴实验（仿真实验）

实验目的

1. 验证电荷的不连续性。
2. 测定电子电荷。

实验仪器

计算机仿真软件

实验原理

1. 带电油滴受力分析

两水平放置的金属板 A 和 B，间距为 d，两板间加电压 V，则其间为均匀电场 $E=V/d$。若一质量为 m，带电量为 q 的油滴处于两板间，通常受以下四个力的作用。

(1) 重力 F_g

$$F_g = mg = \frac{4}{3}\pi r^3 \rho g \qquad (2\text{-}1\text{-}60)$$

r 为球形油滴半径；ρ 为油滴密度。

(2) 电场力为 F_E

$$F_E = qE = q\frac{V}{d} \qquad (2\text{-}1\text{-}61)$$

(3) 油滴运动时受到的空气粘滞阻力 F_r
由斯托克斯定律可知

$$F_r = 6\pi \eta r v \qquad (2\text{-}1\text{-}62)$$

η 为空气的粘滞系数；v 是油滴运动速度

(4) 空气浮力 F_b

$$F_b = \frac{4}{3}\pi r^3 \sigma g \qquad (2\text{-}1\text{-}63)$$

σ 为空气密度。因空气密度 σ 与油密度相比很小,故浮力很小,可忽略不计。

2. r、v_g、v_E 的测定及 η 的修正

(1) 油滴半径 r 的测定

金属板 A、B 间不加电压时,油滴受重力作用而加速下降,但因受空气黏滞阻力作用,下降一段距离后,将以匀速下降,此时 $F_g = F_r$,即 $\frac{4}{3}\pi r^3 \rho g = 6\pi \eta r v_g$,则

$$r = 3\left(\frac{\eta v_g}{2\rho g}\right)^{\frac{1}{2}} \qquad (2\text{-}1\text{-}64)$$

(2) v_g、v_E 的测定

金属板 A、B 间不加电压,若油滴在极板间以匀速下降一段距离 l,历经时间为 t_g,

则

$$v_g = \frac{l}{t_g} \qquad (2\text{-}1\text{-}65)$$

极板间加适当电压时,带电油滴在电场作用下,将最终以匀速 v_E 上升一段距离 l,若上升时间为 t_E,则

$$v_E = \frac{l}{t_E} \qquad (2\text{-}1\text{-}66)$$

如果 l 为定值,这样就把速度的测量变成了对时间的测量。

(3) η 的修正

由于油滴很小(半径约为 $10^{-4} \sim 10^{-6}$ cm),其线度可以与空气分子的平均自由程相比拟,这样,空气不能再看作是连续媒质,因此必须对黏滞系数进行修正。空气的实际黏滞系数 η 将比(2-1-62)式中的 η 小,其减小量必定是空气的平均自由程 $\bar{\lambda}$ 或空气压强 P 和油滴半径 r 的函数,可表示为

$$\eta = \frac{\eta}{1 + \frac{b}{Pr}} \qquad (2\text{-}1\text{-}67)$$

式中 b 为常数,$b = 6.17 \times 10^{-6}$ m·cmHg;P 为大气压强,单位为 cmHg,r 为油滴半径。由于修正项本身就不十分精确,故其中

的油滴半径 r 仍可用(2-1-64)式 $r=3\left(\dfrac{\eta v_g}{2\rho g}\right)^{\frac{1}{2}}$ 代入，于是得

$$\eta'=\dfrac{\eta}{1+\dfrac{b}{3P}\left(\dfrac{2\rho g}{\eta l}\right)^{\frac{1}{2}}t_g^{\frac{1}{2}}}=\dfrac{\eta}{1+Bt_g^{\frac{1}{2}}} \qquad (2\text{-}1\text{-}68)$$

式中 $B=\dfrac{b}{3P}\left(\dfrac{2\rho g}{\eta l}\right)^{\frac{1}{2}}t_g^{\frac{1}{2}}$，在给定的实验条件下，$B$ 为一常数。

3. 电子电荷的测量方法

测量方法有两种：油滴静态平衡法、油滴反转运动法，本实验只介绍静态平衡法。

所谓静态平衡法，就是在极板间加适当电压，使油滴静止不动，此时有 $F_g=F_E$，即 $mg=qV/d$；当 $V=0$ 时，油滴最终以匀速下降，则 $F_g=F_r$，即 $mg=6\pi\eta r v_g$，所以

$$q=\dfrac{18\pi\eta^{\frac{3}{2}}l^{\frac{3}{2}}d}{(2\rho g)^{\frac{1}{2}}}\cdot\dfrac{1}{V}\cdot\dfrac{1}{t_g^{\frac{3}{2}}}=A\dfrac{1}{V}\left(\dfrac{1}{t_g}\right)^{\frac{3}{2}} \qquad (2\text{-}1\text{-}69)$$

式中 $A=\dfrac{18\pi\eta^{\frac{3}{2}}l^{\frac{3}{2}}d}{(2\rho g)^{\frac{1}{2}}}$，在给定的实验条件下 A 为一常数。

利用修正系数 $1+Bt_g^{\frac{1}{2}}$，对粘滞系数 η 进行修正，则有

$$q'=\dfrac{A}{1+Bt_g^{\frac{1}{2}}}\cdot\dfrac{1}{V}\cdot\dfrac{1}{t_g^{\frac{3}{2}}} \qquad (2\text{-}1\text{-}70)$$

这就是用静态平衡法测量油滴所带电量的理论公式。只要测得平衡电压 V 和去掉电压后油滴匀速下降一段距离 l 所经历的时间 t_g，便可求出 q。

▶ 实验内容 ◀

1. 启动实验

启动仿真试验软件后，在功能菜单上单击"油滴实验"按钮，启动密立根油滴实验。单击程序窗口中间的"开始实验"图标，进入仪器调节窗口。

2. 调节仪器

(1) 调平：用鼠标左键单击水准气泡，进入调节水平状态（图2-1-21）。鼠标左键或右键在调平螺丝处单击或按下，可以改变其高低，左键调高，右键调低，按下鼠标键可以连续调节。调节调平螺丝，观察气泡的位置，当气泡停留在气泡室中央的圆圈内部时即可认为已经调平。调平后单击"退出"按钮退出调平状态。

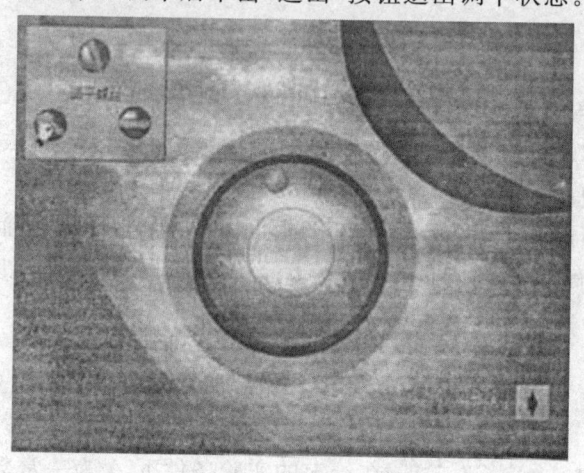

图 2-1-21　仪器调平

若未调平即进入实验状态，将导致极板间的电场方向与重力方向不平行，油滴不能沿同一铅直线往复上下，不久就会偏离视野。

(2) 调焦：鼠标单击显微镜上的调焦手轮，即可进入调节焦距状态。在调焦窗口中的齿轮上单击或按下鼠标左右键，观察视野中金属丝的像，当其最清晰时，即可认为焦距已经调好。单击"退出"按钮退出调平状态。

3. 开始实验

用鼠标单击电压表，进入实验状态（图 2-1-22）。单击电源开关接通电源。单击油滴盒或显微镜则弹出观察窗，观察窗下部是秒表及其操作开关，按"开始/暂停"按钮，秒表开始或暂停计时。按喷油按钮开始喷油。

图 2-1-22　进入实验状态

（1）平衡电压换向开关扳到"＋"端，调节平衡电压到 100 V 左右升降电压换向开关置"0"。

（2）单击喷油按钮，显微镜视野中出现运动的油滴。

（3）调节平衡电压，观察油滴的运动，选择合适的油滴，通过平衡电压的调节使其静止在视野中，记下此时的平衡电压。若没有找到合适的油滴，则重复步骤（2）、（3）。注意：尽量选取靠近视野中心的油滴。

（4）升降电压换向开关置于"＋"端，调节升降电压调节按钮，使油滴移动到显微镜视野中最下面的横线下合适的位置，将升降电压换向开关置"0"。

（5）将平衡电压开关置"0"，此时油滴将向上运动（显微镜成倒像）。当油滴经过最下方横线时启动秒表，开始计时；运动到最上方横线时迅速停止计时，并将平衡电压换向开关置于"＋"端，使油滴停止运动。记下秒表的时间。注意：用左手通过键盘的"S"键控制秒表，右手通过鼠标键控制平衡电压开关。

（6）加升降电压使油滴移向最下面的横线下，重复步骤（5），每个油滴测量四次时间。

（7）重复步骤（1），共测量 3 个油滴。

数据记录及处理

表 2-1-16

油滴序号	1	2	3
t_{g1}(s)			
t_{g2}(s)			
t_{g3}(s)			
t_{g4}(s)			
$\overline{t_g}$(s)			
平衡电压(V)			
油滴电量 q'(C)			
油滴中基本电荷数 n			
e 测量值(C)			
相对误差(%)			

重力加速度 $g=9.80$ m/s² 油密度 $\rho=981$ kg/m³($t=20℃$)
大气压强 $P=76.0$ cmHg 常数 $b=6.17\times10^{-6}$ m·cmHg
油滴匀速下降距离 $l=2.00\times10^{-3}$ m 平行极板距离 $d=5.00\times10^{-3}$ m
空气粘滞系数 $\eta=1.832\times10^{-5}$ kg/m·s($t=20℃$)

根据式(2-1-70)计算出油滴电量 q',q' 除以电子电量标准值,取整后得到油滴中所包含的基本单位电荷数 n,q' 除以 n 得到电子电量的测得值,根据公式 $E=\dfrac{e_{测}-e_{标}}{e_{标}}\times 100\%$ 计算相对误差。

注意事项

1. 要做好本实验,很重要的一点是选择合适的油滴。尽量选取靠近中线的油滴,且油滴通过所用时间不宜太短或过长,t_g 大约在 8～20 秒最好。

2. 油滴开始运动的位置应该离视野中最下方的横线足够远,以保证油滴进入测量区域后已经开始做匀速运动。

思考题

1. 忽略空气浮力,对 e 的最终结果有何影响?
2. 影响测量结果的环境条件有哪些?

实验十一 用谐振子测量重力加速度

实验目的

1. 观察和研究简谐振动规律
2. 学习用弹簧振子测量重力加速度的方法
3. 学习用逐差法处理数据

实验仪器

焦利弹簧秤(一套)

实验原理

如图 2-1-23 所示,质量为 m 的物体系于一轻弹簧的自由端,并放置在光滑的水平台面上,而弹簧的另一端固定,这就构成一个弹簧振子。若使物体在外力的作用下略微偏离平衡位置,然后释放,则弹簧振子将在平衡点附近来回作简谐振动。将上述弹簧振子铅直地悬挂在一个稳固的支架上,如图 2-1-24 所示,则它仍在重力和弹性力的作用下作简谐振动,只是平衡位置有所变动。新的平衡位置是弹簧下端悬挂物体后所处的平衡位置。本实验即利用此谐振子的理想模型观察简谐振动、测量重力加速度。

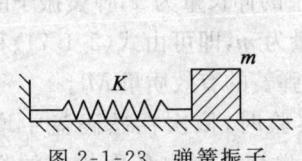
图 2-1-23 弹簧振子

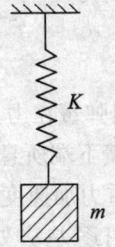
图 2-1-24 谐振子

在弹性范围内,作用在物体上的力的大小与物体偏离平衡位置的位移成正比,力的方向总是指向平衡位置。假定物体对平衡

点的位移为 x，则在弹性限度内，它所受的外力 F 即为

$$F=-Kx \qquad (2\text{-}1\text{-}71)$$

式中的负号表示弹性回复力总是指向弹簧的平衡位置。这就是胡克定律，比例系数度 K 称为弹簧的劲度系数，其值与弹簧的形状、材料有关。

根据牛顿第二定律

$$m\frac{\mathrm{d}^2 x}{\mathrm{d}t^2}=-Kx \qquad (2\text{-}1\text{-}72)$$

容易证明，方程的解为

$$x=x_0\sin(\omega t+\varphi_0) \qquad (2\text{-}1\text{-}73)$$

式中：振幅 x_0，初位相 φ_0，均由系统的起始状态决定；$\omega=\sqrt{K/m}$，取决于系统的特性常数 m、K，与振幅无关；ωt 每增加 2π 便完成一周运动，故运动的周期 T 为

$$T=2\pi\sqrt{\frac{m}{K}} \qquad (2\text{-}1\text{-}74)$$

实际上弹簧本身具有质量 m_0，它必对周期产生影响，故 $(2\text{-}1\text{-}74)$ 式可修正为

$$T=2\pi\sqrt{\frac{m+Pm_0}{K}} \qquad (2\text{-}1\text{-}75a)$$

其中，P 是一系数（$0<P<1$，其值可以通过实验予以确定），Pm_0 称为弹簧的有效质量（亦称折合质量），可用 M_0 表示，则弹簧振子的运动周期为

$$T=2\pi\sqrt{\frac{m+M_0}{K}} \qquad (2\text{-}1\text{-}75b)$$

实验中测出弹簧在力 $F=mg$ 作用下的伸长量为 x，弹簧振子的振动周期为 T，弹簧下端所悬挂物体的质量为 m，即可由式 $(2\text{-}1\text{-}71)$ 和式 $(2\text{-}1\text{-}75b)$ 求出重力加速度 g、系数 K 和弹簧的有效质量 M_0。

本实验采用逐差法处理数据。实验时，依次在砝码盘中增加相同质量的砝码，共增加 5 次，用焦利弹簧秤测出各次相应的弹簧伸长量 $x_i(i=0,1,2,\cdots,5)$，采用累计放大法用秒表测出每次的振动周期 $T_i(i=0,1,2,\cdots,5)$。

设砝码盘质量为 $m_{砝}$，各次测量时的砝码质量为 m_i，则由 (2-1-71) 式和 (2-1-75b) 式可得

$$\begin{cases} T_i^2 = \dfrac{4\pi^2}{K}(m_i + m_{砝} + M_0) \\ (m_i + m_{砝})g = -Kx_i \end{cases} \quad (i=0,1,2,\cdots,5) \quad (2\text{-}1\text{-}76)$$

将数据分为两组，对应相减得

$$\begin{cases} T_{i+3}^2 - T_i^2 = \dfrac{4\pi^2}{K}(m_{i+3} - m_i) = \dfrac{4\pi^2}{K}\Delta m \\ (m_{i+3} - m_i)g = \Delta mg = -K(x_{i+3} - x_i) \end{cases} \quad (i=0,1,2)$$

$$(2\text{-}1\text{-}77)$$

由此可求出重力加速度 g 及系数 K，并由 (1-76) 第 1 式求出有效质量 M_0。

实验内容

1. 熟悉并调整仪器。按图 2-1-8 将弹簧、指标杆和砝码盘挂好，仔细调节底角上的螺丝，使金属升降杆铅直、弹簧自然下垂并与升降杆平行，使指标杆沿玻璃管轴线垂挂（勿与管壁接触）。连续调整升降杆、三线对齐等。

2. 使三线对齐，读出砝码盘空载时焦利弹簧秤米尺的示值 x_0。然后每次向砝码盘中添加砝码 m 克，共 5 次，分别记下对应各砝码质量的焦利弹簧秤米尺的示值 $x_1, x_2 \cdots, x_5$。

3. 取下砝码，将固定于焦利弹簧秤上的玻璃管 D 移开，将砝码盘 E 取下，标记出此时平面镜 J 的准线位置 S。然后挂上砝码盘（空载），并将其上推至平面镜 J 的准线与标记的位置平齐，随后松开砝码盘，令其作简谐振动。记录 50 个振动周期（累计放大法）历经的时间间隔 t_0，则砝码盘空载时的振动周期为 $T_0 = \dfrac{1}{50}t_0$。

4. 每次向砝码盘中添加砝码 m 克，共 5 次，重复步骤 3 的测量工作，分别记下对应各砝码质量时 50 个振动周期历经的时间间隔 t_i。

5. 用逐差法处理数据，求出重力加速度 g、弹簧的劲度系数 K 及有效质量 M_0。

数据记录及处理

表 2-1-17

i	0	1	2
x_i(mm)			
t_i(s)			
T_i(s)			
T_i^2(s^2)			
$j=i+3$	3	4	5
x_j(mm)			
t_j(s)			
T_j(s)			
T_j^2(s^2)			
$T_j^2 T_i^2$(s^2)			
$\overline{T_j^2-T_i^2}=$ (s^2)	$\sigma_{\overline{T_j^2-T_i^2}}=$ (s^2)	$K=\dfrac{4\pi_2}{T_j^2-T_i^2}\cdot\Delta m=$ (N/m)	
$x_j x_i$(mm)			
$\overline{x_j-x_i}=$ (mm)	$\sigma_{\overline{T_j-T_i}}=$ (mm)	$g=\left\|\dfrac{\overline{x_j-x_i}}{\Delta m}\right\|\cdot K=$ (m/s^2)	

注意事项

1. 实验时切勿用力拉弹簧,以免弹簧伸长量超过其弹性限度而产生永久变形。

2. 实验时适当垂直下拉物体,物体应在垂直面内上下振动、待振动平稳后再开始测量。

思考题

1. 本实验如何用逐差法处理数据?对测量过程有什么要求?

2. 弹簧振子的震动与单摆的运动有什么联系？
3. 测量谐振子的振动周期时，为什么采用累计放大法？
4. 测量中为什么要采取"三线对齐"的方法？

实验十二 示波器的原理与使用(仿真实验)

实验目的

1. 学习电子示波器显示波形的工作原理。
2. 利用双踪示波器测定正弦信号的相位变化和整流波形等的观察。
3. 观察电子束垂直正弦振动合成的轨迹(李萨如图形)及正弦振动频率比。

实验仪器

计算机仿真软件

实验原理

1. 示波器显示波形的原理

如果只在竖直偏转板上加一交变的正弦电压,则电子束的亮点将随电压的变化在竖直方向作简谐振动,如果电压频率较高,则看到的是一条竖直亮线。

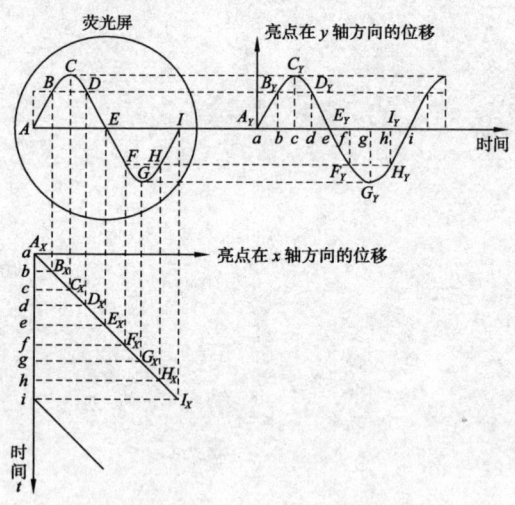

图 2-1-25 示波器显示原理

要能显示波形,必须同时在水平偏转板上加一扫描电压,使电子束的亮点沿水平方向拉开。这种扫描电压的特点是电压随时间呈线性关系增加到最大值,最后忽然回到最小,此后再重复的变化。这种扫描电压随时间变化的关系曲线形同"锯齿",故称"锯齿波电压",如图 2-1-25 所示。产生锯齿波扫描电压的电路在实验软件中有表示。当只有锯齿波电压加在水平偏转板上,如果频率足够高,则荧光屏上只显示一条水平亮线。

如果在竖直偏转板上(简称 Y 轴)加正弦电压,同时在水平偏转板上(简称 X 轴)加锯齿波电压,电子受竖直、水平两个方向的力的作用,电子的运动是互相垂直的运动的合成。当锯齿波电压比正弦电压变化周期稍大时,在荧光屏上能显示出完整周期的所加正弦电压的波形图。

锯齿波电压的周期可以连续调节,但因为锯齿波电压和信号电压来自不同的振荡源,要使它们的周期做到准确相等,或正好为简单整数比是困难的,尤其是在频率较高时,从而造成图像不稳定。调节整步电压的频率,通过电子电路来迫使扫描电压频率与输入信号频率成整数比的调整过程,成为"整步"或"同步"。

2. 李萨如图形的基本原理

如果示波器的 X 轴和 Y 轴输入是频率相同或成简单整数比的两个正弦电压,则屏上将呈现特殊形状的光点的轨迹,两个垂直的正弦作用的合成轨迹图称为李萨如图形。图 2-1-26 所示为 $f_y : f_x = 2 : 1$ 的李萨如图形。频率比不同时将形成不同的李萨如图形。图 2-1-27

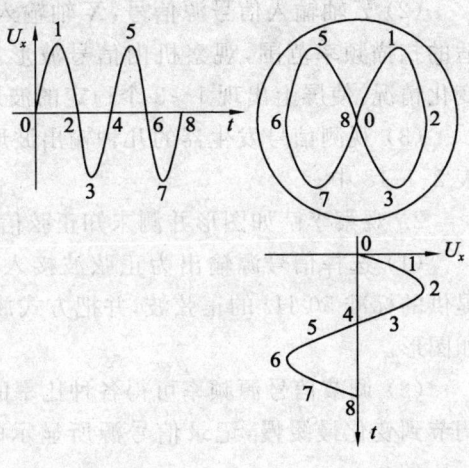

图 2-1-26 $f_y : f_x = 2 : 1$ 的李萨如图形

所示的是频率比成简单整数比值的几组里萨如图形。从图中可总结出如下规律:如果做一个限制光点 x、y 方向变化范围的假想方框,则图形与此框相切时,横边上的切点数 n_x 与竖边上的切点数 n_y 之比恰好等于 y 和 x 输入的两正弦信号的频率之比,即

$$\frac{f_y}{f_x}=\frac{n_x}{n_y} \tag{2-1-78}$$

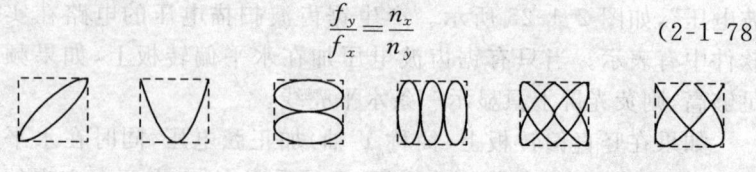

a) $\frac{f_y}{f_x}=\frac{1}{1}$ (b) $\frac{f_y}{f_x}=\frac{2}{1}$ (c) $\frac{f_y}{f_x}=\frac{1}{2}$ (d) $\frac{f_y}{f_x}=\frac{3}{1}$ (e) $\frac{f_y}{f_x}=\frac{3}{2}$ (f) $\frac{f_y}{f_x}=\frac{1}{3}$

图 2-1-27 $f_y:f_x=n_x:n_y$ 的李萨如图形

所以,利用李萨如图形能方便地比较两正弦信号的频率。若已知其中一个信号的频率,数出图上的切点 n_x 和 n_y,便可算出另一待测信号的频率。

实验内容

1. 熟悉示波器的使用,观察波形。

(1) 接通电源,熟悉面板上各旋钮的功能。

(2) Y 轴输入信号源信号,X 轴输入锯齿波扫描,并调节到合适的扫描频率范围,观察机内信号波形。调节扫描微调观察波形变化情况,使屏上出现 1～3 个稳定的波形。

(3) 观测信号发生器的几种输出波形,按要求记录波形参数到表 2-1-18 中。

2. 观察李萨如图形并测未知正弦信号频率

(1) 选择信号源输出为正弦波接入 Y 轴,X 轴选择机器内部提供的标准 50 Hz 的正弦波,并把方式放置在输入上,可看到李萨如图形。

(2) 调节信号源频率可得各种比率的图形。因图形不太稳定,调节到变化最缓慢,记录信号源所显示的频率读书即可。填入表 2-1-19。

数据记录及处理

表 2-1-18

信号波的种类		正弦波	方波	锯齿波
振　幅				
信号频率				
扫描频率	一个波形			
	二个波形			
	三个波形			
波形(一个周期示意图)				

表 2-1-19

$f_y : f_x$	1:1	2:1	3:1	3:2	2:3	3:4
李萨如图形						
f_x(Hz)						
f_y(测量值)(Hz)						
f_y(标准值)(Hz)						
偏差 Δf_y(Hz)						

注意事项

1. 示波器打开后需预热 1~2 分钟。
2. 不要拔插仪器上的连接线。
3. 观察李萨如图形时，信号频率不要太高，否则看不清楚。

思考题

1. 如果打开示波器的电源后，在屏幕上既看不到扫描线又看不到光点，应该怎么办？
2. 若被测信号幅度太大(不引起仪器损坏的前提下)，则在屏上看到什么图形？

第二章 综合性实验

实验十三 电路故障分析

实验目的 ▶

通过实验,掌握分析检查及排除电路故障的方法,提高分析、解决问题的能力及实验技能,培养创新意识。

实验仪器 ▶

电路故障分析实验仪,万用电表,收音机,直流电源等

实验原理 ▶

1. 检查故障常用的测量方法

最常用、最简单的测量仪表是万用电表,用万用电表检查故障有三种方法:电阻测量法、电压测量法和电流测量法。

(1) 电压检查法

在通电的情况下,常采用逐点测试电压的方法找寻故障的所在。

首先测量外加电压(即总电压),然后用比例法可确定电路中各电阻上应该测得多大电压。

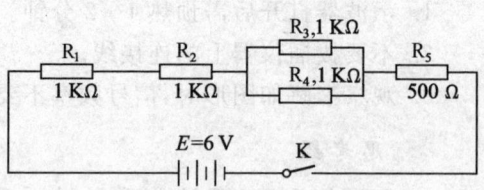

图 2-2-1 电压检查法电路图

如图 2-2-1：

$V_{总}=E=6\text{ V}, V_{R1}=V_{R2}=2\text{ V}, V_{R3}=V_{R4}=1\text{ V}, V_{R5}=1\text{ V}$

这是电路正常情况下的示值。

不正常电压的分析：

R_2 短路 $V_{R2}=0\text{ V}, V_{R1}+V\text{并}+V_{R5}=3+1.5+1.5=6\text{ V}$，各电阻上的电压均高于正常值。

R_2 断路：$V_{R2}=6\text{ V}, V_{R1}、V\text{并}、V_{R5}$ 均为零，这是由于串联电路被开路的 R_2 断开，电路里没有电流通过，$R_1、R_3、R_4、R_5$ 上也就没有电压降。当电压表接到两端时，电压表的内阻代替 R_2 闭合电路，由于电压表内阻很高，它两端测得的就是电源电压。

用电压表检查串联电路的故障是最简单的，如果在并联电路中出现了故障，常常不能用电压表方便地查出，因为不论并联各支路中任何一个支路电阻有无变化（短路除外），所有并联支路电压相同。

电压检查法的优点是：在有源的电路中，能带电测量、检查运行状态下的电路，既简便，见效又快。

(2) 电流检查法

由于串联电路中各处电流相等，所以电流检查不能确定故障所在处，但它可用于并联电路中的故障检查。如图 2-2-1 中，若故障出在 $R_3、R_4$ 并联支路上，则测量各支路和干路上的电流可确定故障所在之处。用电流表时需将电路断开，将电流表串入测量，因此用电流表检查不太方便。

(3) 电阻检查法

用欧姆表检查电路各部分电阻是否完好、线路是否通畅也是常用的比较方便的方法。使用欧姆表时一定要将待测电路的电源断开，欧姆表不能带电测量。如果测量并联电路元件的电阻，则需将待测元件从并联电路上断开一端，或者测量该并联组合电阻值与计算值相比较，以判断是否存在故障。

2. 分析故障的基本原则

(1) 根据现象缩小范围

故障发生后往往会出现异常现象,我们可以根据这些现象判断故障的大致部位,以缩小检查范围。

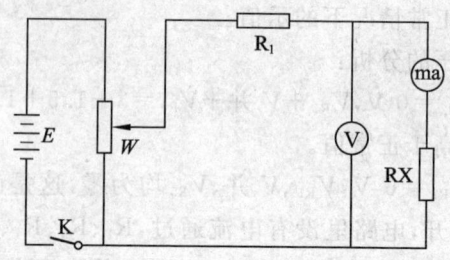

图 2-2-2 伏安法测电阻电路

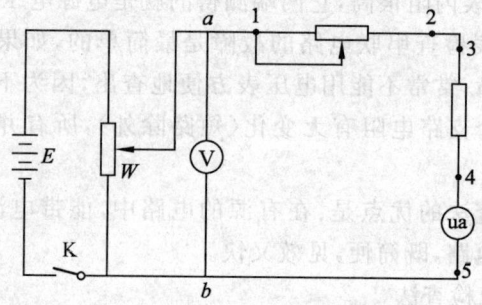

图 2-2-3 电流表改装为电压表后的校正电路

[例1] 如图 2-2-2 是伏安法测量电阻电路,当开关 K 闭合,移动 W 的滑动触头,正常情况是电压表和电流表均有指示。如果二表均无指示,那么不管电压表及其右侧电路有无故障,应首先检查电压表及其左侧电路。不必把精力放在右侧电路上。

如果接通开关 K 时,电压表无指示,电流表有指示,则电压表及其连线必有故障。显而易见,做出这样的判断之后,可大大缩小检查范围。

[例2] 当使用的万用表出现故障时,也可以根据现象判断故障所在。如果发现使用欧姆挡时电表无指示,其它各挡均有指示,这说明故障出在欧姆挡。如果各挡均无指示,则说明表头及其连线有故障。经过分析则可大大缩小故障范围。

(2)追根究源,顺序检查

故障范围确定之后,再用顺序检查的方法依次寻找故障。

[**例 3**] 如图 2-2-3 是电流表改装为电压表后的校正电路,接通电源,将电位器 W 调至适当,假设标准电压表有指示,而微安表无指示,此时可断定故障一定出在标准电压表的右侧,具体检查步骤:

用万用表电压挡测量 a、b 之间的电压,然后将万用表黑表笔固定于 b 点,将红表笔按 1、2、3、4、5 的顺序检查,当电压表在某处无指示时,则说明故障发生在该点以前的电路中,但若测得 b、5 两点之间有电压,则说明它们之间有断路。也可以用电阻挡测量标准电压表右侧的电阻和连线是否正常,但要注意断开电源和并联回路。

电路的故障往往与电源不正常有关,因此,在接通电源的情况下,用电压测量法检查故障最方便。如果由于故障的存在会损坏元件或仪表时,就必须切断电源,用电阻法检查。也可以把易损坏部件拆除后再进行检查。

(3)认真分析识破假象

在检查故障时,往往遇到各种各样的现象,怎样不为假象所迷惑,是一个需要长期摸索,不断积累经验来解决的问题。

[**例 4**] 如图 2-2-4 所示的分压电阻 R_1、R_2 分别是 20 K 和 40 K,当电源为 3 V 时,计算得输出电压 $V_{R2}=2$ V、$V_{R1}=1$ V,但用 5 伏挡内阻为 30 K 的万用表测得 $V_{R1}+V_{R2}=3$ V 而 $V_{R2}=1.383$ V,$V_{R1}=0.69$ V,不但 V_{R2} 和 V_{R1} 与理论值有很大差异,且实测值 V_{R1} 与 V_{R2} 之和不等于 $V_{R1}+V_{R2}$,产生的原因是由于 30 K 的电压表内阻并联到与之相当的 20 K、30 K 电阻两端引起的假象。

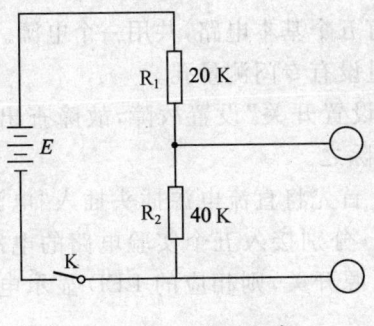

图 2-2-4 分压电路

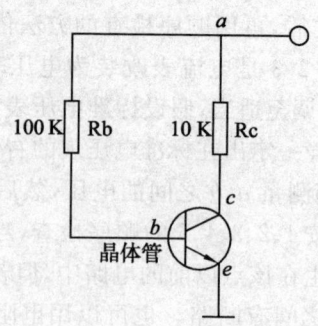

图 2-2-5 晶体管放大电路

[例5] 如图 2-2-5 是晶体管放大电路,设晶体管集电极断开,电路工作不正常。此时用万用电表 5 V 挡(内阻约 30 K)检查,$V_{ae}=4.5$ V,这说明电源没有问题,顺序检查 V_{ce} 为 3.37 V,此时很容易误认为电路畅通,根据是 R_c 上有压降即有电流通过。实际上这又是电压表内阻引起的假象。此时量得的电压是 R_c 和电表内阻的分压。若只测 R_c 上电压 $V_{ac}=0$ 则可判断为集电极开路。

同理,若图中不是集电极断开,而是 R_c 上边断开,用万用表测量时 V_{ac} 等于某值(不同的晶体管有不同的值),也会误认为 R_c 良好,如果测量 $V_{ce}=0$ 则可判断为 R_c 开路。

实际工作中遇到的故障是千变万化的,要做到判断准确、排除迅速,要靠大量的实践,积累丰富的经验,决非一日之功。

仪器说明

1. 本实验备有五个基本电路,共用一个电源。
2. 为便于测量设有专门测量孔。
3. 利用"故障设置开关"设置故障,故障查出后无需焊接,用"故障设置开关"排除之。
4. 电源用法。首先将直流电源插头插入"电源"插孔,然后接通 220 V 交流电源,分别接入五个实验电路的电源输入端。若按下某实验电路的电源开关,则相应的 LED 显示电路序号,以示该电路已经接通电源。

> 实验内容

1. 电路 1

图 2-2-6 是一个"分压灯控电路"。

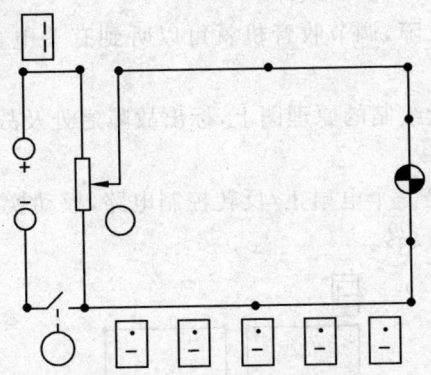

图 2-2-6 分压灯控电路

(1) 设置故障
(2) 检查并排除故障
(3) 调节电位器 W 观察灯泡发光情况。
(4) 在自行绘制的原理图(并非仪器面板图上!)上,标出故障之处及故障原因。

2. 电路 2

图 2-2-7 是一个收音机放大电路以及和收音机的连接图。

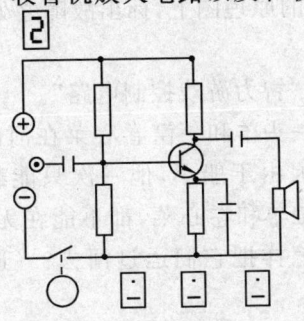

图 2-2-7 收音机控制电路

(1) 连接收音机和实验电路,注意:插头不要插错,电源极性不要接反。

(2) 设置故障,用万用表测量有关电压值。

(3) 分析原因,查出故障。

(4) 排除故障,调节收音机就可以听到有关电台的节目,享受成功的喜悦。

(5) 在自行绘制的原理图上,标出故障之处及故障原因。

3. 电路3

图2-2-8是一个电扇正/反转控制电路,扳动换向开关K即可控制电扇的正/反转。

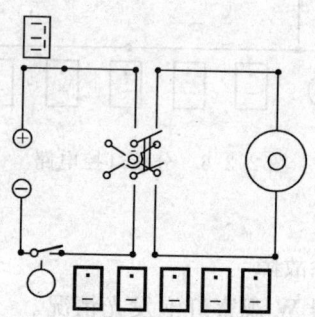

2-2-8 电扇正/反转控制电路

(1) 考查电扇正/反转控制电路接线方法。并设置故障。

(2) 分析原因,查出故障,并排除故障。

(4) 在自行绘制的原理图上,标出故障之处及故障原因。

4. 电路4

图2-2-9是一个"智力游戏控制电路"。

[故事]一只狼、一头羊和一筐卷心菜在河的同侧,一个摆渡人要将它们运过河去,但由于船小,他一次只能载三者之一过河,显然,不管是狼和羊还是羊和卷心菜,都不能在无人看管的情况下留在一起,问摆渡人该怎样把它们运过河去?(选自大学教材"离散数学")

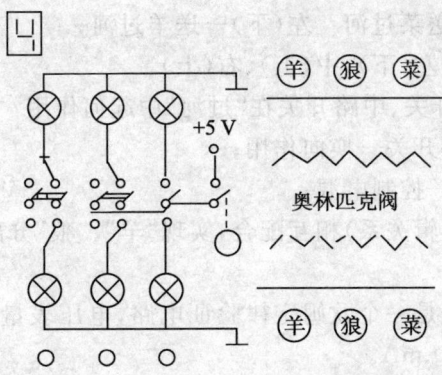

图 2-2-9 智力游戏控制电路

[设计]根据故事情节和给定的器材(指示灯 6 个、双刀双掷开关 2 个和单刀双掷开关 1 个、连线若干),试设计一智力游戏实验板,让故事中的摆渡人顺利运物过河。

[要求]认真分析"顺利过河"过程和逻辑关系,正确连接电路,扳动开关,往返一次只能扳动一下开关(或者向上/或者向下),相应图案指示灯亮。

初始状态:此岸三灯全亮(表示羊、狼、菜一起由摆渡人看管,准备过河);

最终状态:彼岸三灯全亮。(表示羊、狼、菜一起与摆渡人顺利过河)。

[问题]

(1) 让故事中的摆渡人顺利运物过河,您扳动了几次开关?顺序、作用(结果)和开关最终状态如何?

(2) 左路开关、中路开关在"过河"中起何作用?

[问题解答]

(1) 让故事中的摆渡人顺利运物过河,您扳动了几次开关?顺序、作用(结果)和开关最终状态如何?

答案:4 次;

顺序:左(上)—中(上)—右(上)—左(下);

作用:左(上)—送羊过河 中(上)—送狼过河运回羊

133

右(上)—送菜过河　左(下)—送羊过河；
最终状态：左(下)、中(上)、右(上)。
(2) 左路开关、中路开关在"过河"中起何作用？
答案：左路开关—换向作用；
中路开关—控制电源；
两开关(逻辑关系)相互配合，实现"羊"、"狼"分离。

5. 电路5

图2-2-10是一个欧姆定律验证电路，电压表量程0～5 V，电流表量程0～10 mA。

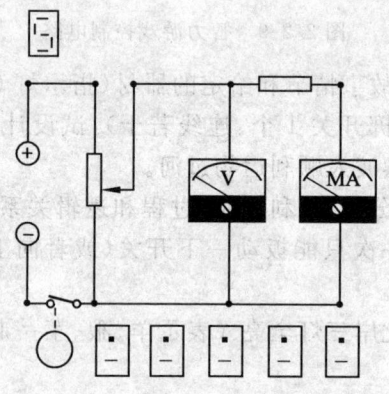

图2-2-10　欧姆定律验证电路

(1) 设置故障。
(2) 分析原因，查出故障，并排除故障。
(3) 调节电位器，改变电压表、电流表示数，读出10组数据，绘制出电阻的特性曲线。
(4) 在自行绘制的原理图上，标出故障之处及故障原因。

注意事项

1. 使用万用电表时应注意以下几点：
(1) 首先确认待测的物理量。将选择开关旋至相应的测量挡。
注意：切勿用电流挡误测电压，勿用欧姆挡测量电压、电流。

(2)正确选择量程。如果被测量的大小无法估计,应选择量程最大的一挡,以防仪表过载,若偏转过小,则减小量程,直至选择偏转角尽量大而未超格的量程。

(3)测量电路中的电阻时,应将被测电路的电源切断。

(4)用万用电表测量电阻时,应在测量前先校正电阻挡的零点,在换量程后也需重新调零,否则产生定值系统误差。

(5)万用电表用毕,应将旋钮调到交流电压最大一挡或调到空挡(有的万用表旋钮调至空挡"·"处),以免下次使用时不慎损坏电表,特别注意不要停在欧姆各挡,以免表棒两端短路,致使电池长时间通电。

2. 其他应注意问题:

(1)实验中,切勿用手触碰、按压电风扇,以防割伤手指、损坏设备。

(2)收音机电路检测完毕,应即时关闭收音机的电源开关。

(3)勿对仪器面板施力、加压,以防损坏仪器。

(4)实验前或完毕后,各电路中的所有电位器应检查触点,并旋至中部位置。

实验十四 霍尔元件测磁场

实验目的

1. 掌握霍尔元件的工作特性。
2. 学习用霍尔效应法测量磁场的原理和方法。
3. 学习用霍尔元件测量长直螺旋管中轴向磁场分布。

实验仪器

霍尔测磁仪、双路输出稳压电源、电位差计、安培计、毫安计、滑线变阻器。

实验原理

1. 霍尔效应法测量磁场原理

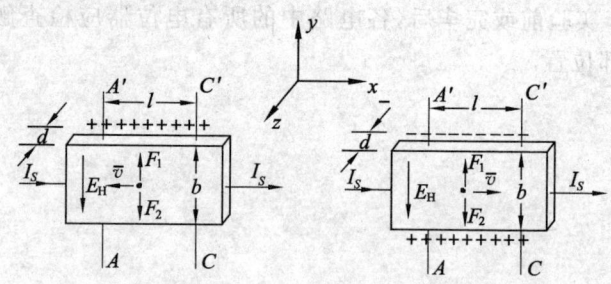

图 2-2-11 霍尔效应法测磁场原理图

霍尔效应从本质上讲是运动的带电粒子在磁场中受洛仑兹力作用而引发的偏转。当带电离子(电子或空穴)被约束在固体材料中时,这种偏转就导致在垂直电流和磁场的方向上产生正负电荷的聚集,从而形成附加的横向电场。对于图 2-2-11 所示的半导体试样,若在 X 方向通一电流 I_s,在 Z 方向加磁场 B,则在 Y 方向,即试样 A、A' 电极两侧就开始聚集异号电荷产生相应的附加电场——霍尔电场。电场的指向取决于试样的导电类型。显然,该电场会阻止载流子继续向侧面偏移,当载流子所受的横向电场力 eE_H 与洛伦兹力 $e\bar{v}B$ 相等时,样品两侧电荷的积累就达到平衡,故有:

$$eE_H = e\bar{v}B \qquad (2\text{-}2\text{-}1)$$

其中 E_H 为霍尔电场,$\bar{v}$ 是载流子在电流方向上的平均漂移速度。

设试样的宽为 b,厚度为 d,载流子浓度为 n,则

$$I_s = ne\bar{v}bd \qquad (2\text{-}2\text{-}2)$$

由(2-2-1)(2-2-2)两式可得

$$V_H = E_H b = \frac{1}{ne}\frac{I_s B}{d} = R_H \frac{I_s B}{d} \qquad (2\text{-}2\text{-}3)$$

即霍尔电压 V_H(A、A' 两极之间的电压)与 $I_s B$ 乘积成正比与试样厚度 d 成反比。比例系数 $R_H = \frac{1}{ne}$ 称为霍尔系数,它是反映材料的霍尔效应强弱的重要参数。

霍尔器件就是利用上述霍尔效应制成的电磁转换元件,对于成品的霍尔器件,其 R_H 和 d 已知,因此在实用上就将(2-2-3)式写成

$$V_H = K_H I_s B \qquad (2\text{-}2\text{-}4)$$

$$B = \frac{V_H}{K_H I_s} \qquad (2\text{-}2\text{-}5)$$

其中,$K_H = \frac{R_H}{d}$ 称为霍尔器件的灵敏度(其值有制造厂提供),表示该器件在单位工作电流和单位磁感应强度下输出的霍尔电压。(2-2-4)式中的 I_s 单位取为毫安、B 为特斯拉、V_H 为毫伏,则 K_H 的单位为毫伏/(毫安·特斯拉)。根据式(2-2-4),因 K_H 已知,而 I_s 可由实验测出,所以只要测出 V_H 就可以求得未知磁感应强度 B。但在实际情况中,由于存在其他因素而引起各种附加电压,所以会给霍尔电压的测量带来误差。

2. 几种附加电压产生的原因及其消除方法

(1) 不等势电压 V_0

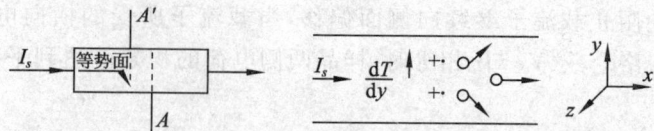

图 2-2-12 不等势电压产生与消除原理示意图

图 2-2-13 温差电效应引起附加电压原理示意图

如图 2-2-12 所示,由于器件的 A、A' 两电极的位置不在一个理想的等势面上,因此,即使不加磁场,只要有电流 I_s 通过,就有电压 $V_0=I_s r$ 产生,r 为 A、A' 所在的两等势面之间的电阻,结果在测量 V_H 时,就叠加了 V_0,使得 V_H 值偏大(当 V_0 与 V_H 同号)或偏小(当 V_0 与 V_H 异号),显然,V_H 的符号取决于 I_s 和 B 两者的方向,而 V_0 只与 I_s 的方向有关,因此可以通过改变 I_s 的方向予以消除。

(2) 温差电效应引起的附加电压 V_E

如图 2-2-13 所示,由于构成电流的载流子速度不同,若速度为 v 的载流子所受的洛仑兹力与霍尔电场的作用力刚好抵消,则速度大于或小于 v 的载流子在电场和磁场作用下,将各自朝对立面偏转,从而在 y 方向引起温差 $T_A - T'_A$,由此产生的温差电效应,在 A、A' 电极上引入附加电压 V_E,且 $V_E \propto I_s B$,其符号与 I_s 和 B 的方向关系跟 V_H 是相同的,因此不能用改变 I_s 和 B 方向的方法予以消除,但其引入的误差很小,可以忽略。

(3) 热磁效应直接引起的附加电压

如图 2-2-14 所示,因器件两端电流引线的接触电阻不等,通电后在接点两处将产生不同的焦尔热,导致在 X 方向有温度梯度,引起载流子沿梯度方向扩散而产生热扩散电流,热流 Q 在 Z 方向磁场作用下,类似于霍尔效应在 y 方向产生一附加电场 E_N,相应的电压 $V_H \propto QB$,而 V_H 的符号只与 B 的方向有关,与 I_s 的方向无关,因此可通过改变 B 的方向予以消除。

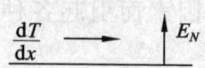

图 2-2-14 热磁效应示意图

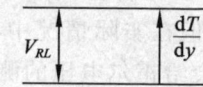

图 2-2-15 Righi-Leuc 效应示意图

(4) Righi-Leuc 效应

如图 2-2-15 所示,由于存在温度梯度 $T_A - T'_A$,由此引入的附加电压 $V_{RL} \propto QB$,V_{RL} 的符号只与 B 的方向有关,通过改变 B 的方向,也能消除。

综上所述,实验中测得的 A、A' 之间的电压中,除 V_H 外还包含 V_0、V_N、V_{RL} 和 V_E 各电压的代数和,其中 V_0,V_N 和 V_{RL} 均可通过 I_s 和 B 的换向,即对称测量法(异号法)予以消除。设 I_s 和 B 的方向均为正向时,测得 A、A' 之间电压,记为 V_1,即当 $+I_s$、$+B$ 时

$$V_1 = V_0 + V_N + V_{RL} + V_E + V_H \tag{2-2-6}$$

将 B 换向,而 I_s 的方向不变,测得的电压记为 V_2,此时 V_N、V_{RL}、V_H 均改号而 V_0 符号不变,即

当 $+I_s$、$-B$ 时

$$V_2 = -V_H + V_0 - V_N - V_{RL} - V_E \tag{2-2-7}$$

同理,按照上述分析

当 $-I_s$、$-B$ 时

$$V_3 = V_H - V_0 - V_N - V_{RL} - V_E \tag{2-2-8}$$

当 $-I_s$、$+B$ 时

$$V_4 = -V_H - V_0 + V_N + V_{RL} - V_E \tag{2-2-9}$$

求以上四式数据 V_1、V_2、V_3 和 V_4 的代数和,得

$$V_E + V_H = \frac{V_1 - V_2 + V_3 - V_4}{4} \tag{2-2-10}$$

由于 V_E 符号与 I_s 和 B 两者方向关系和 V_H 是相同的,故无法消除,但在非大电流,非强磁场下,$V_H \gg V_E$,因此可忽略不计,所以霍尔电压为

$$V_H = \frac{V_1 - V_2 + V_3 - V_4}{4} \tag{2-2-11}$$

3. 霍尔电压 V_H 的测量方法

通过以上的分析可以知道,在产生霍尔效应的同时,因伴随着多种附加电压的产生,以致实验测得的 A、A' 两电极之间的电压并不等于真实的 V_H 值,而是包含着各种负效应引起的附加电压,因此必须设法消除。采用电流和磁场换向的对称测量法,基本上能

够把负效应的影响从测量结果中消除,具体的做法是保持 I_s 和 B (即 I_M) 的大小不变,并在设定电流和磁场的正、负方向后,依次测量由下列四组不同方向的 I_s 和 B 组合的 A、A' 两点之间的电压 V_1、V_2、V_3 和 V_4,即

$+I_s \quad +B \quad V_1$

$+I_s \quad -B \quad V_2$

$-I_s \quad -B \quad V_3$

$-I_s \quad +B \quad V_4$

然后求上述四组数据 V_1、V_2、V_3 和 V_4 的代数和,可得

$$V_H = \frac{1}{4}(V_1 - V_2 + V_3 - V_4) \qquad (2\text{-}2\text{-}12)$$

通过对称测量法求得的 V_H,虽然还存在个别无法消除的负效应,但其引入的误差甚小,可以忽略不计。

(2-2-5)、(2-2-6)两式就是本实验用来测量感应强度的依据。用霍尔片测螺线管内磁场的实验装置如图 2-2-16 所示。

4. 载流长直螺线管内的磁感应强度

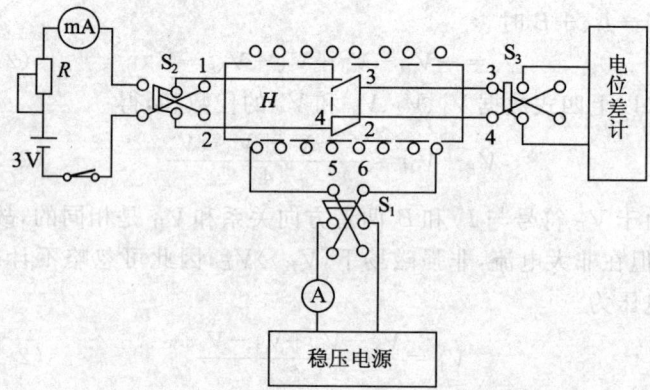

图 2-2-16 霍尔片测螺线管内磁场的实验装置电路图

螺线管是由绕在圆柱面上的导线构成的,对于密绕的螺线管,可以看成是一列有共同轴线的圆形线圈的并排组合,因此,一个载流长直螺线管轴线上某点的磁感应强度,可以从对各圆形电流在

轴线上该点所产生的磁感应强度进行积分求和得到。对于一个有限长的螺线管,在距离两端等远的中心点,磁感应强度为最大,且

$$B_0 = \mu_0 n I_m \qquad (2\text{-}2\text{-}13)$$

其中 μ_0 为真空磁导率,n 为螺线管单位长度的线圈匝数,I_m 为线圈的励磁电流。

由图 2-2-17 所示的长直螺线管的磁力线分布可知,其内腔中部磁力线是平行于轴线的直线系,渐近两端口时,这些直线变为从两端口离散的曲线,说明其内部的磁场是均匀的,仅在靠近两端口处,才呈现明显的不均匀性,根据理论计算,长直密绕螺线管一端的磁感应强度为内腔中部磁感应强度的 1/2。

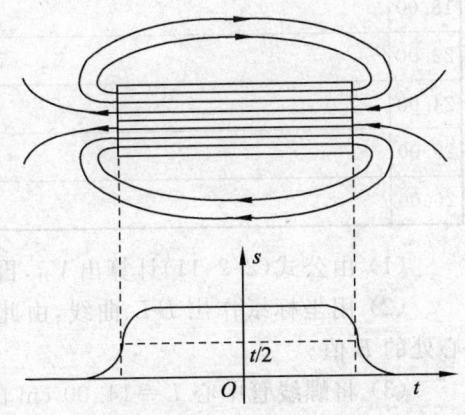

图 2-2-17　长直螺线管磁力线分布示意图

数据记录及处理

表 2-2-1

L(cm)	V_1(mV) $+I_s$、$+B$	V_2(mV) $+I_s$、$-B$	V_3(mV) $-I_s$、$-B$	V_4(mV) $-I_s$、$+B$	$V_H = \frac{1}{4}(V_1 - V_2 + V_3 - V_4)$ (mV)
2.00					
3.00					
4.00					
6.00					
10.00					
14.00					

续表 2-2-1

L(cm)	V_1 (mV) $+I_s$、$+B$	V_2(mV) $+I_s$、$-B$	V_3(mV) $-I_s$、$-B$	V_4(mV) $-I_s$、$+B$	$V_H=\frac{1}{4}(V_1-V_2+V_3-V_4)$ (mV)
18.00					
22.00					
24.00					
25.00					
26.00					

（1）由公式（2-2-11）计算出 V_H，再计算出 B，填入表格中。

（2）用坐标纸作出 B-L 曲线，由此曲线 $L=14.00$ cm 得到中心处的 B 值。

（3）将螺线管中心 $L=14.00$ cm 的 B 值与理论值进行比较，求出相对误差。

实验内容

1. 熟悉电位差计的使用方法，调好以备用。

2. 按电路图 2-2-16 连接好电路，将双路稳压电源各旋钮逆时针旋转到最小。

3. 经老师检查后方可接通电源，调节 $I_s=25$ mA，$I_m=0.4$ A。

4. 转动带尺旋钮，将霍尔片分别置于 2.00 cm、3.00 cm、4.00 cm、6.00 cm、10.00 cm、14.00 cm、18.00 cm、22.00 cm、24.00 cm、25.00 cm、26.00 cm 等处，测出相应的 V_1、V_2、V_3 和 V_4 值，将数据填入表中。

5. 记录仪器面板上螺线管匝数 N 及霍尔元件的灵敏度 K_H 等数值。

注意事项

1. 测量中若有电位差计找不到补偿状态（检流计不能指零），

可将 S_3 换向。

2. 测量时励磁电流的大小及通电时间以不使线圈发热为宜。

思考题

1. 如何测量霍尔元件的灵敏度？
2. 试分析霍尔效应以测量磁场的误差来源。

实验十五 迈克尔逊干涉仪实验（仿真实验）

实验目的

1. 了解迈克尔逊干涉仪的构造原理，初步掌握调节方法。
2. 观察等倾干涉现象，测 He-Ne 激光的波长。
3. 学习法布里—珀罗干涉装置的调节和使用。

实验仪器

迈克尔逊干涉仪，He-Ne 多束光纤激光器

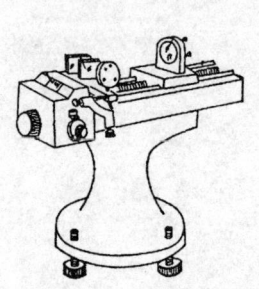

图 2-2-18 迈克尔逊干涉仪构造

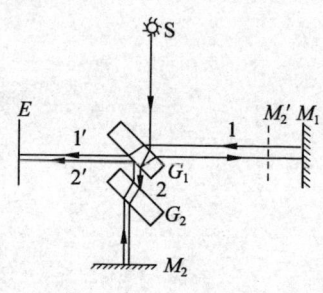

图 2-2-19 迈克尔逊干涉仪光路图

实验原理

1. 仪器的构造

迈克尔逊干涉仪的构造如图 2-2-18 所示，光路图如图 2-2-19 所示。M_1、M_2 为两个平面反射镜。M_2 固定，M_1 可由一套精密的丝杆系统控制其沿导轨前后移动。G_1 和 G_2 为同一玻璃切割而成的平行平面玻璃板，有相同的厚度和对光的折射率，两者平行放置，并与 M_1 和 M_2 成 45°夹角。G_1 的后表面镀了一层半透膜，使射在上面的光一半反射，一半透射，因此 G_1 称为分光板。反射光束经 M_1 反

射通过 G_1 形成光束 $1'$。透射光束经 G_2 被 M_2 反射,再由 G_1 的半透膜发射形成光束 $2'$。光束 $1'$ 与 $2'$ 干涉形成干涉条纹。放置 G_2 的目的是保证光束 $1'$ 与光束 $2'$ 在玻璃中通过的光程相同,因此 G_2 称为补偿板。

2. 等效光原理

如图 2-2-20 所示,S 是单色点光源,S' 是 S 由 G_1 的半透膜所成的像。S 发出的光可等效为由 S' 发出。M_2' 是 M_2 由 G_1 的半透膜所成的像,S_1'、S_2' 分别是 S' 在 M_1、M_2' 中的像。由 S' 发出的光经过 M_1 和 M_2 反射形成的光束 $1'$ 和光束 $2'$ 可等效为分别由 S_1' 和 S_2' 发出。作等效光路图的目的是可以方便地计算光程差。若 M_1 与 M_2' 平行,且两者距离为 d,则 S_1'、S_2' 之间距离为 $2d$。

现将观察屏 E 垂直于 $S_1'S_2'$ 连线放置,则 S_1'、S_2' 发出的光到屏上某点 P 的光程差为

$$\delta \approx 2d\cos\theta \quad (2\text{-}2\text{-}14)$$

其中 θ 为 $S_1'S_2'$ 与 $S_1'P$ 连线之间的夹角。

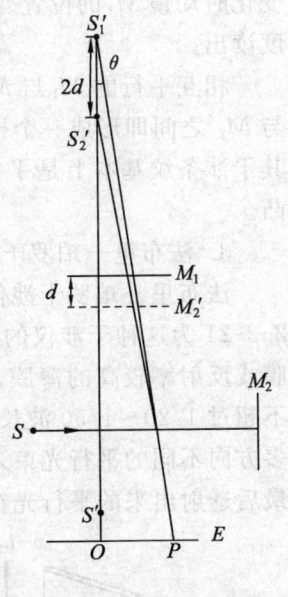

图 2-2-20 等效光光路图

当光程差 δ 满足

$$\delta = 2d\cos\theta \begin{cases} = k\lambda \text{ 时}, P \text{ 点为亮点} \\ = (2k+1)\dfrac{\lambda}{2} \text{ 时}, P \text{ 点为暗点} \end{cases} \quad (2\text{-}2\text{-}15)$$

对应 θ 角相同的点,光程差相同,所以屏幕上观察到一组明暗相间的同心圆形条纹,叫做等倾干涉圆环,圆心为 O。由(2-2-14)式看出,对同一级次的条纹(k 一定),d 增大,θ 角增大,环向外扩,在中心有条纹涌出;反之,d 减小,θ 角减小,圆环向内收缩,在中心有条纹陷入。d 每改变一个 $\lambda/2$,中心有一个条纹涌出(或陷入)。当有 N 个条纹变化时

$$\Delta d = N\frac{\lambda}{2}$$

$$\lambda = \frac{2\Delta d}{N} \qquad (2\text{-}2\text{-}16)$$

由(2-2-15)式可测量光波波长。其中 Δd 为中心有 N 个条纹变化时动镜 M_1 的位置变化量。M_1 的位置可由丝杆传动系统的刻度读出。

相互平行的 M_1 与 $M_2{}'$ 距离很近时,将其中一个稍稍倾斜,M_1 与 $M_2{}'$ 之间即形成一个楔形空气膜。在屏上会出现等厚干涉图样,其干涉条纹基本上是平行于中央条纹的直线,在远处条纹略向内凸。

3. 法布里—珀罗干涉仪的工作原理

法布里—珀罗干涉仪主要由平行放置的两块平面板组成。图 2-2-21 为这种干涉仪的示意图,在两块板 G、G' 相向的平面镀有银膜或反射率较高的薄膜,要求镀膜的平面与标准样板之间的偏差不超过 1/20~1/50 波长。面光源 S 放在透镜 L_1 的焦平面上,使许多方向不同的平行光束入射到干涉仪上,在 G、G' 间来回多次反射,最后透射出来的平行光在透镜 L_2 的焦面上形成同心圆形条纹。

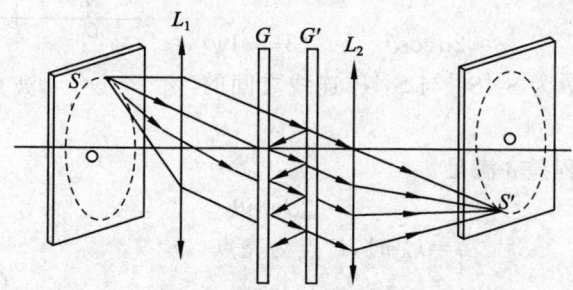

图 2-2-21　法布里-珀罗干涉仪原理示意图

法布里—珀罗干涉仪两相邻透射光的光程差与迈克尔逊干涉仪的完全相同,这决定了两种圆条纹的间距、径向分布很相似。但由于法布里—珀罗干涉仪是振幅急剧递减的多光束干涉仪,它的干涉条纹及其清晰明锐,由几乎全黑的背景上的一组很细的亮条纹构成。因此它具有很高的分辨本领,可以被用来考察光谱宽度及其精细结构。如钠光灯的双黄线,在迈克尔逊干涉仪中不能被分辨,法布里—珀罗干涉仪系统中则形成两套同心圆圆环。激光器的谐振腔也是应用了法布里—珀罗干涉仪的原理。

实验内容 ▶

1. 测 He-Ne 激光波长

(1) 打开 He-Ne 多束光纤激光器,将一束光纤安装在分光板的前端,使出射的激光斑照射在分光板上,光轴基本与固定镜垂直。

(2) 放倒观察屏,透过 G_1 观察 M_1,可看到两排光点,只是由于 M_1 和 M_2 上的反射光束在 G_1 前后表面多次反射产生的。调节 M_1(或 M_2)背后的三只调节螺钉,使两排光点依次严格重合,此时表明 M_1 与 M_2 相垂直。

(3) 立起观察屏,即可看到等倾干涉条纹,微调 M_2 的两个拉簧螺丝,使条纹圆心处于屏中央。

(4) 观察干涉条纹形状、疏密,旋转干涉仪的粗调鼓轮,从条纹的涌出(或陷入)判断 d 在增大还是在减小。

(5) 单向缓慢转动微调鼓轮,将干涉环中心调至最暗(最亮),记下此时的 M_1 的位置 d_1,继续转动微调鼓轮,当条纹"吞进"或"吐出"100 个时,再记下此时的 M_1 的位置 d_2。重复测量三次。读取 M_1 位置的方法为(以毫米为单位):先从机体侧面毫米刻度尺上读出整数,再从读数窗口上读出小数点后的前两位数(这两位不需估读),最后由微调鼓轮读出小数点后的第 3、4、5 位数(最后一位是估读数)。

(6) 计算机 He-Ne 激光的波长,与理论值比较($\lambda_{理论} = 632.8$ nm),计算相对误差。

$$E = \frac{|\lambda - \lambda_{理论}|}{\lambda_{理论}} \times 100\%$$

2. 观察多束干涉

(1) 将干涉仪上的分光部件和移动镜拆除,换上法布里—珀罗干涉仪系统。

（2）转动粗调鼓轮,使法布里——珀罗干涉仪系统的移动镜和固定镜保持约 2～3 mm 的距离（注意切勿使两镜面相接触。否则会使反射膜受到严重损伤）。用扩束的 He-Ne 激光从移动镜的后面射入,仔细调整两镜后面的螺钉,使两镜平行。

（3）将一块毛玻璃放在光源与移动镜之间,此时可在 E 处用眼睛直接观察干涉圆条纹。仔细调节固定镜上的两个拉簧螺丝,使眼睛上下左右移动时,没有条纹涌出或陷入且各圆大小不变,此时表明 G、G' 两反射面比较严格的平行。

（4）立起望远镜,通过望远镜可看到更清晰的圆条纹。比较与麦克尔干涉仪所看到条纹的异同。

数据记录及处理

表 2-2-2

i	1	2	3
d_{1i}			
d_{2i}			
$\Delta d = \|d_{2i} - d_{1i}\|$			

$\Delta \bar{d} = $ _____ mm $\bar{\lambda} = $ _____ nm $E = $ _____ %

注意事项

1. 迈克尔逊干涉仪是精密仪器,实验者应细心操作,仪器上各镜面严禁用手或其他物体触摸;调整、测量中勿碰工作台。

2. 应单向旋转粗、微调鼓轮,不得中途倒转出现空程而造成误差。

思考题

什么是定域条纹？什么是非定域条纹？两者用的光源和观察仪有什么不同？

实验十六 等厚干涉

实验目的

1. 通过对牛顿环和劈尖干涉现象的观测,加深认识光的波动性。
2. 学会使用读数显微镜。
3. 掌握用干涉法测量透镜的曲率和微小厚度的方法。
4. 进一步学习用逐差法进行数据处理。

实验仪器

读数显微镜,钠光灯,牛顿环干涉仪,劈尖装置,游标卡尺等。

实验原理

1. 牛顿环

把一块曲率半径很大的平凸透镜的凸面置于一光学平玻璃板上,则透镜与玻璃板之间就形成了一层空气膜,其厚度在中心切点处为零,向外逐渐增大。当用单色平行光垂直入射时,在此薄膜的上、下表面产生的两束反射光可在上表面相遇而相干(如图 2-2-22 所示),形成以中心触点为圆心,内疏外密、明暗相间的同心圆环形相干涉图样,称为"牛顿环"。两束反射光的光程差及干涉明暗条件为

$$\delta = 2e + \frac{\lambda}{2} = \begin{cases} k\lambda & (k=1,2,3\cdots) \text{ 明} \\ (2k+1)\frac{\lambda}{2} & (k=0,1,2\cdots) \text{ 暗} \end{cases} \quad (2\text{-}2\text{-}17)$$

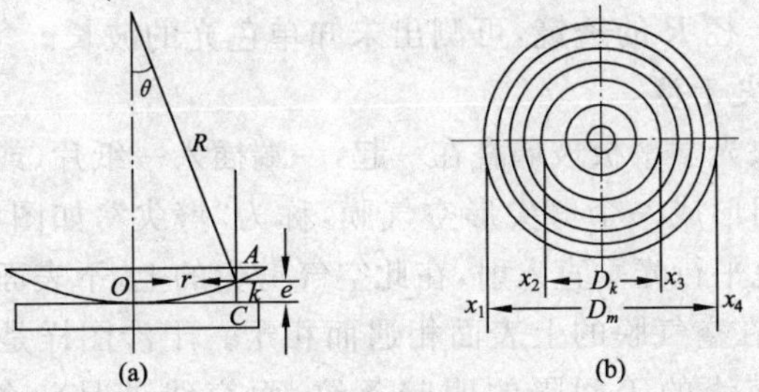

图 2-2-22 牛顿环

式中 e 是干涉明（或暗）纹处的空气膜厚度，λ 为入射光的波长。可见，在平行光垂直入射条件下，同一干涉条纹对应的薄膜厚度相同，故称为"等厚干涉"。

设某一干涉暗纹半径为 r，则由几何关系，$r^2 = R^2 - (R-e)^2 = 2eR - e^2$，因为 $R \gg e$ 可略去 e^2。所以 $r^2 = 2eR$。将干涉暗纹条件带入上式，则得 k 级暗环的半径为

$$r_k = \sqrt{kR\lambda} \quad (k=0,1,2,\cdots) \tag{2-2-18}$$

而透镜的曲率半径为

$$R = \frac{r_k^2}{k\lambda} \quad (\text{取 } k>0) \tag{2-2-19}$$

因机械压力的存在，透镜和平玻璃板的接触不是理想的点接触，故该处呈现的干涉图像不是一个暗点，而是一个模糊的圆斑。这样就难以确定干涉暗环的圆心及半径 r，为此改测暗环的直径 D_k，显见

$$D_k^2 = 4kR\lambda \tag{2-2-20}$$

又由于灰尘的存在，使触点处的 $e_k \neq 0$，其级数 k 也是未知的，则使任意暗环的级数和直径 D_k 难以确定。故取任意两个不相邻的暗环，记其直径分别为 D_m 和 $D_n (m>n)$，求其平方差

$$D_m^2 - D_n^2 = 4(m-n)R\lambda \tag{2-2-21}$$

则

$$R = \frac{D_m^2 - D_n^2}{4(m-n)\lambda} \tag{2-2-22}$$

分别测出第 m 级和第 n 级暗环的直径，实验用钠黄灯的波长 $\lambda = 589.3$ nm，利用上式就可算出透镜的曲率半径 R。当然，利用已知曲率半径 R 的透镜，可测出未知单色光的波长。

2. 劈尖干涉

把两块光学平板玻璃叠在一起，一端插入一纸片（或细丝），则两玻璃板之间形成一个劈尖形空气膜，称为"劈尖"，如图(2-2-23a)所示。用单色平行光垂直入射，在此空气劈尖的上、下表面产生两束反射光，二者在空气膜的上表面相遇而相干。干涉图样是一组平行于两玻璃板交线的等间隔的明暗条纹，而交线处是一条暗纹，如图(2-2-23b)所示。

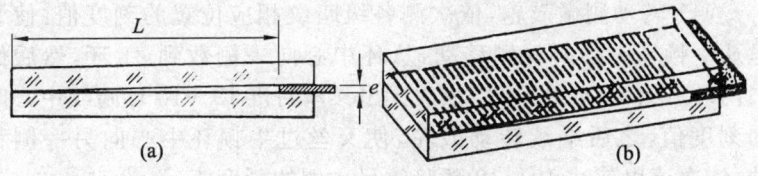

图 2-2-23 劈尖干涉图

劈尖上、下表面的两束反射光的光程差及干涉明暗条件为

$$2e+\frac{\lambda}{2}=\begin{cases} k\lambda & (k=1,2,3\cdots) \quad \text{明} \\ (2k+1)\frac{\lambda}{2} & (k=0,1,2\cdots) \quad \text{暗} \end{cases} \quad (2\text{-}2\text{-}23)$$

式中 e 时 k 级明(或暗)条纹处的劈尖厚度,可见仍是等厚干涉。对于 k 级暗纹见图(2-2-23a),L 为玻璃片交线直至纸片(或细丝)处的距离,数出 L 内暗条纹的总数 k,则纸片厚度(或细丝直径)为 $d=k\lambda/2$。通常 k 较大,为避免数错,实际中常测出 n 条暗纹(如 $n=20$)的总宽度 l_n,则 $k=L(n/l_n)$,所以

$$e_k = k\lambda/2 \quad (2\text{-}2\text{-}24)$$

$$d = \frac{k\lambda}{2} = \frac{nL\lambda}{2l_n} \quad (2\text{-}2\text{-}25)$$

在实际应用中,例如在半导体元件生产中,需在材料表面镀膜,如在 Si($n=3.42$) 表面上镀 SiO_2 膜($n=1.46$),为了测定镀膜的厚度,往往将其加工成劈形,用单色平行光入射,观察 SiO_2 劈尖上、下表面的反射光形成的等厚干涉条纹,即可算出膜厚 d。

▶ 实验内容 ◀

1. 测平凸透镜的曲率半径

(1) 安放好仪器,打开钠光灯开关,把牛顿环干涉仪置于读数显微镜的载物平台上,使之处于物镜正下方。

(2) 调节显微镜,使十字叉丝清晰、视场光强最大、且能看到清晰的牛顿环,并使载物台移动的方向平行于十字叉丝之一。

(3) 观察干涉条纹的分布特征,如形状、中央斑的情况、条纹疏密等。

(4) 转动测微鼓轮,依次测各级暗纹相应位置的刻度值:使叉丝从牛顿环中心向一侧移动,从环中心向一侧数到 21 环,然后倒回两环从第 19 环开始数,依次读出叉丝对准 19～10 环暗纹中心时的刻度值,之后继续转动鼓轮,使叉丝过牛顿环中心向另一侧移动,依次读出前述 10～19 环暗纹另一侧的刻度值。

(5) 将所测数据记录于表格中,计算各暗纹环的直径 D 和 D^2,用逐差法求 $\overline{D_m^2-D_n^2}$,从而求出透镜的曲率半径 $\overline{R}=\dfrac{\overline{D_m^2-D_n^2}}{4(m-n)\lambda}$ 及其误差 σ_R、E。

2. 利用劈尖干涉现象测微小厚度

(1) 将劈尖装置放置于读数显微镜载物台上。

(2) 调节显微镜以看清叉丝和干涉条纹。

(3) 测出 $n=20$ 条暗纹的宽度 l_n,测出纸片内边缘(或细丝)至劈尖棱边的距离 L。

(4) 求出纸片厚度(或细丝直径)d。

注意事项

1. 测量过程中,测微鼓轮只能向一个方向旋转,不得中途倒转,以免"空转"引起误差。
2. 爱护仪器,各光学表面不得用手或其他物体触摸。
3. 牛顿环镜上的夹持螺丝不可拧得过紧,以防压碎镜片。
4. 测量中,应保持桌面稳定,不受振动,显微镜与牛顿环之间不能有位置错动。实验完后应将牛顿环的调节螺丝松开,以免凸透镜变形。

数据记录及处理

表 2-2-3

M	19	18	17	16	15
左刻度(mm)					
右刻度(mm)					

续表 2-2-3

M	19	18	17	16	15
D_m(mm)					
D_m^2(mm²)					
N	14	13	12	11	10
左刻度(mm)					
右刻度(mm)					
D_n(mm)					
D_n^2(mm²)					
$D_m^2 - D_n^2$(mm²) ($m-n=5$)					
$\overline{D_m^2 - D_n^2}=$		mm²	$\sigma\overline{D_m^2 - D_n^2}=$		mm²

$$\overline{R} = \frac{\overline{D_m^2 - D_n^2}}{4(m-n)\lambda} = \qquad \text{(m)}$$

$$\sum \Delta[(D_m^2 - D_n^2)]^2 = \qquad \text{(mm)}^2$$

$$\sigma\overline{D_m^2 - D_n^2} = \sqrt{\frac{\sum \Delta[(D_m^2 - D_n^2)]^2}{N(N-1)}} \qquad \text{(mm)}^2$$

$$\sigma_{\overline{R}} = \frac{\sigma\overline{D_m^2 - D_n^2}}{4(m-n)\lambda} = \qquad \text{(m)}$$

$$E = \frac{\sigma_{\overline{R}}}{\overline{R}} \times 100\% = \qquad \%$$

结果表达: $\begin{cases} R = \overline{R} \pm \sigma_{\overline{R}} = \qquad \text{(m)} \\ E = \qquad \% \end{cases}$

思考题

1. 从读数显微镜看到的是经放大的牛顿环的像,测出的干涉环直径是否也为放大的值?

2. 牛顿环是非等间隔的干涉环,为什么在实验中仍用逐差法处理数据?

3. 怎样利用劈尖干涉现象测表面平整度?

实验十七 光的偏振特性的研究

实验目的

1. 观察光的偏振现象,熟悉偏振的基本规律。
2. 验证布儒斯特定律,测定玻璃的折射率。
3. 了解产生与检验偏振光的器件,掌握产生与检测偏振光的原理与方法。

实验仪器

分光计,偏振片(2个),1/4波片(2个),玻璃片,钠光灯。

实验原理

光是电磁波,它的电矢量 E 和磁矢量 H 相互垂直,且两者均垂直于光的传播方向 C。能引起视觉和化学反应的是光的电矢量,通常用电矢量 E 代表光的振动方向,并将电矢量 E 和光传播方向 C 构成的平面称为光振动面。

最常见的光的偏振态大体可分为五种,即自然光、线偏振光(平面偏振光)、部分偏振光、圆偏振光和椭圆偏振光。

能使自然光变成偏振光的装置或仪器,称为起偏器。用来检验光是否为偏振光的装置或仪器,称为检偏器。实际上起偏器也可用来做检偏器。

1. 产生线偏振光的方法

(1)反射起偏器(或透射起偏器)

光线由自然光斜射向非金属的光滑表面上(如水、木头、玻璃等)时,反射光和透射光都会产生偏振现象,其偏振化程度取决于光的入射角以及反射物的性质。当入射角为某一特定值 i_β 时,反射光为线偏振光,其振动面垂直于入射面,如图 2-2-24 所示,i_β 称为起偏角或布儒斯特角。

由布儒斯特定律得

$$\tan i_B = \frac{n_2}{n_1} \quad (2\text{-}2\text{-}26)$$

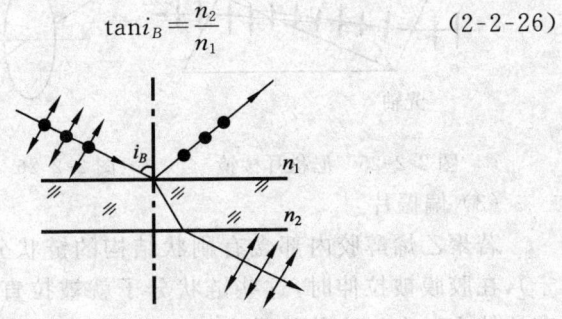

2-2-24　反射起偏器原理图

式中 n_1 是空气的折射率，n_2 是玻璃的折射率。

从空气入射到介质，起偏角一般在 53°至 58°之间。根据布儒斯特定律，可以简单地利用玻璃片起偏，此方法也可以用于测定物质的折射率。非金属表面反射的线偏振光的振动方向总是垂直于入射面的。透射光是部分偏振光，使用多层玻璃组合成的玻璃片堆，可得到很好的透射线偏振光，其振动方向是平行于入射面的。

(2) 晶体起偏器

晶体起偏器是利用某些晶体的双折射现象来获得线偏振光。

实验发现，当光线进入某类晶体时将产生双折射现象。实验证明当改变入射角时，两束折射线之一恒守通常的折射定律，这束光线称为寻常光线，并简称 o 光。另一束光线不遵守通常的折射定律，它不一定在入射面内，而且入射角改变时，其正弦值与折射角的正弦值相比不是一个常数，这束光线通常称为非常光线，并简称 e 光。产生双折射的原因是因为寻常光线与非常光线在晶体中具有不同的传播速度。

如果入射光束足够细，同时晶体足够厚，则有可能让透射出来的 o 光和 e 光完全分开，从而获得线偏振光。用这种方法获得线偏振光的晶体器件称为晶体起偏器。如图 2-2-25 所示的尼科耳棱镜。

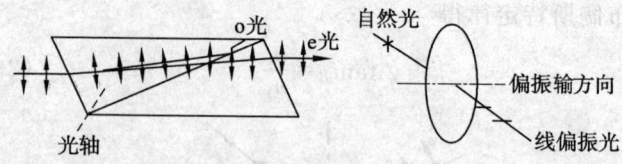

图 2-2-25 尼科耳棱镜　　图 2-2-26 线偏振光

(3) 偏振片

若聚乙烯醇胶内部含有刷状结构的链状分子(如碘化硫酸奎宁)，在胶膜被拉伸时，这些链状分子就被拉直并互相平行地排列在拉伸方向上。这种胶具有二向色性，它能吸收光振动方向与拉伸方向垂直的光，而只让与拉伸方向平行的光振动通过(实际上也有吸收，但吸收不多)，因而产生线偏振光，如图 2-2-26 所示。用这类具有二向色性的物质制成的器件称为偏振片，可获得较大截面积的偏振光束，而且出射光的偏振程度可达 98%。为使用方便，在偏振片上标记"↑"，此标记表明该偏振片允许通过的光振动方向，并称为该偏振片的"偏振化方向"或"透振化方向"。

利用偏振片做起偏器，最简便也最容易理解，其缺点是用它很难得到理想的线偏振光，透射光的偏振化程度达不到百分百。

2. 波片圆偏振光和椭圆偏振光的产生

波片是从单轴晶体中切割下来的平面平行板，其表面平行于光轴，它也叫相位延迟片。

如图 2-2-27 所示，一束平行的线偏振光垂直入射到厚度为 L 的单轴晶片上时，光在晶体内分解为 o 光和 e 光。虽然它们在晶体内的传播方向一致，但传播速度却不相同。于是 o 光和 e 光通过晶片后，两者之间就产生相位差，即

$$\delta = \frac{2\pi}{\lambda}(n_o - n_e)L \qquad (2\text{-}2\text{-}27)$$

式中，λ 为入射线偏振光的波长，n_o 和 n_e 分别为晶片对 o 光和 e 光的折射率。

通过晶片后的 o 光和 e 光的振动是两个互相垂直、同频率且有固定相位差的简谐振动，设其振幅分别为 A_o 和 A_e，相位差为 δ，可

用如下方程式表示：

$$x = A_e \cos\omega t$$
$$y = A_0 \cos(\omega t + \delta) \quad (2\text{-}2\text{-}28)$$

(2-2-28)式经运算后得到合振动的旋转矢量的端点轨迹方程：

$$\frac{x^2}{A_e^2} + \frac{y^2}{A_0^2} - \frac{2xy}{A_0 A_e}\cos\delta = \sin^2\delta \quad (2\text{-}2\text{-}29)$$

此式为一般椭圆方程，即有晶片出射的光一般为椭圆偏振光。随着相位差 δ 的不同，式(2-2-29)表现为不同的椭圆形态。适当选择晶片的厚度 L，可使线偏振光通过晶片后的出射光具有不同的偏振态。

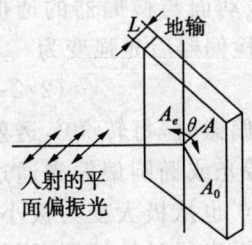
图 2-2-27 线偏振光的分解

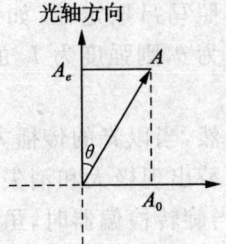
图 2-2-28 椭圆或圆偏振光产生原理图

(1) 全波片

当晶片厚度满足 $\delta = 2k\pi$ 时，光程差为 $\Delta = (n_0 - n_e)L = k\lambda$，该晶片称为全波片。线偏振光经过全波片后，出射光仍为线偏振光，振动面与入射光的振动面平行。

(2) 二分之一波片

当晶片厚度满足 $\delta = (2k+1)\pi$ 时，光程差为 $\Delta = (n_0 - n_e)L = (2k+1)\lambda/2$，该晶片称为 1/2 波片或半波片。线偏振光经过 1/2 波片后，出射光仍为线偏振光，但振动面相对于原入射光的振动面转过 2θ 角度，θ 是入射光振动面与波片光轴的夹角。

(3) 四分之一波片

当晶片厚度满足 $\delta=(2k+1)\pi/2$ 时,光程差为 $\Delta(n_0-n_e)L=(2k+1)\lambda/4$,该晶片称为 1/4 波片。如图 2-2-28 所示,当线偏振光垂直射到 1/4 波片且振动方向与波片光轴成 θ 角时,由于 o 光和 e 光的振幅是 θ 的函数,所以通过 1/4 波片后合成光的偏振状态也将随角度 θ 的变化而不同:当 $\theta=0$ 时,获得振动方向平行光轴的线偏振光(e 光);当 $\theta=\pi/2$ 时,获得振动方向垂直于光轴的线偏振光(o 光);当 $\theta=\pi/4$ 时,$A_0=A_e$,获得圆偏振光;当 θ 为其他值时,经过 1/4 波片后透出的光为椭圆偏振光。所以,可以用 1/4 波片获得椭圆偏振光和圆偏振光。同样,1/4 波片也可将椭圆或圆偏振光变为线偏振光。

3. 偏振光的检测

按照马吕斯定律,如果线偏振光的振动面与检偏器的透振方向夹角为 θ,则强度为 I_0 的线偏振光通过检偏器后光强变为

$$I=I_0\cos^2\theta \tag{2-2-30}$$

显然,当以光的传播方向为轴旋转检偏器时,每转 90°,透射光强将交替出现极大和消失。如果部分偏转光或椭圆偏振光通过检偏器,当旋转检偏器时,虽然投射光每隔 90°也从极大变为极小,再由极小变为极大,但无消光现象。而圆偏振光通过检偏器,当旋转检偏器时,透射光强无变化。

实验内容 ▶

1. 测量平面玻璃片的布儒斯特角,并计算玻璃的折射率。

(1) 调整分光计至使用状态(见"衍射光栅测波长")。

(2) 将待测平面玻璃片置于载物台上,使玻璃片的法线与分光计主轴垂直。用钠光灯照亮平行光管狭缝,转动望远镜,使其叉丝竖线对准狭缝像,测出入射光的方位角 θ_1、θ'_1。

(3) 将检偏器套在望远镜的物镜前,转动载物台以改变入射角,转动望远镜使反射光进入望远镜筒,旋转检偏器,观察光强的变化。若不消光,则需改变入射角和转动望远镜,同时调节检偏器,找到消光位置,此时入射角即为布儒斯特角 i_β。用叉丝竖线对准此时反射光的方位,记录分光计的读数 θ_2、θ'_2,数据填入

表 2-2-4 中。则望远镜转过的角度为

$$\varphi = \frac{1}{2}[|\theta_1 - \theta_2| + |\theta'_1 - \theta'_2|] \qquad (2-2-31)$$

入射角为

$$i_\beta = \frac{1}{2}(180° - \varphi) \qquad (2-2-32)$$

(4) 重复测量三次,求 i_β 的平均值,将结果代入(2-2-26)式计算玻璃的折射率。

2. 用 1/4 波片产生椭圆偏振光和圆偏振光

(1) 将起偏器 N_1 套在平行光管物镜前,检偏器 N_2 套在望远镜前。调节 N_1 与 N_2 至正交位置(即消光位置),将 1/4 波片置于载物台上,转动 1/4 波片至消光位置。

(2) 使 1/4 波片在消光位置不动,将 N_2 转动 360°,在此旋转过程中,观察从波片射出的透射光的光强度变化,说明经过 1/4 波片后的透射光的偏振状态。

(3) 依次将 1/4 波片从消光位置转过 15°、30°、45°、60°、75°、90°角,分别再使 N_2 转动 360°,将观察到的现象填入表 2-2-5 中,并判断出射光的偏振态。

数据记录及处理

表 2-2-4

次数 测得值	θ_1	θ'_1	θ_2	θ'_2	$|\theta_1-\theta_2|$	$|\theta'_1-\theta'_2|$	i_β	$\bar{i}_\beta$	$N=\tan i_\beta$
1									
2									
3									

表 2-2-5

1/4 波片转动的角度	N_2 转动 360°观察到的现象	出射光的偏振态
0°		

续表 2-2-5

1/4 波片转动的角度	N_2 转动 360°观察到的现象	出射光的偏振态
15°		
30°		
45°		
60°		
75°		
90°		

注意事项

1. 偏振片、玻璃片等要轻拿轻放，防止打碎。

2. 所有的镜片、光学表面等应保持清洁、干燥，严禁用手或其他物体碰触，以免污损。

思考题

1. 本实验为什么用单色光源照明？根据什么选择单色光源的波长？若光源波长范围较宽，会给实验带来什么影响？

2. 在确定起偏角时，若找不到全消光的位置，试根据实验条件分析原因。

3. 试说明椭圆偏振光通过 1/4 波片后变成平面偏振光的条件。

实验十八 碰撞和动量守恒（仿真实验）

实验目的

1. 研究动量守恒定律及其成立的条件。
2. 研究几种碰撞的特点和区别

实验仪器

计算机仿真软件

实验原理

当一个系统所受合力均为零时，系统的总动量守恒，即

$$\overline{\varphi} = \sum M_i \overline{v}_i = c (恒量)$$

若参加对心碰撞的两个物体分别为 m_1 和 m_2，碰撞前后的速度分别为 v_{10}、v_{20} 和 v_1、v_2（一维运动，速度矢量用正负表示），则有

$$m_1 v_{10} + m_2 v_{20} = m_1 v_1 + m_2 v_2 \qquad (2\text{-}2\text{-}33)$$

实验选三种特例进行：

1. 完全弹性碰撞

在完全弹性碰撞过程中，动量和能量均守恒，故有

$$\frac{1}{2}(m_1 v_{10}^2 + m_2 v_{20}^2) = \frac{1}{2}(m_1 v_1^2 + m_2 v_2^2) \qquad (2\text{-}2\text{-}34)$$

取 $v_{20} = 0$，联立以上两式有

$$v_1 = \frac{(m_1 - m_2) v_{10}}{m_1 + m_2} \qquad v_2 = \frac{2 m_1 v_{10}}{m_1 + m_2}$$

动量损失率为：$\dfrac{\Delta p}{p} = \dfrac{m_1 (v_{10} - v_1) - m_2 v_2}{m_1 v_{10}}$

动能损失率为：$\dfrac{\Delta E}{E} = \dfrac{m_1 (v_{10}^2 - v_1^2) - m_2 v_2^2}{m_1 v_{10}^2}$

2. 完全非弹性碰撞

碰撞后两物体粘在一起具有相同的速度，即：$v_1 = v_2 = v$，仍然

取 $v_{20}=0$，则有

$$m_1 v_{10} = (m_1+m_2)v \quad v=\frac{m_1 v_{10}}{m_1+m_2}$$

动量损失率为：$\dfrac{\Delta p}{p}=1-\dfrac{(m_1+m_2)v}{m_1 v_{10}}$

动能损失率为：$\dfrac{\Delta E}{E}=1-\dfrac{(m_1+m_2)v^2}{m_1 v_{10}^2}$

3. 一般非弹性碰撞

一般非弹性碰撞中，两物体碰撞后，系统有部分能量损失，定义恢复系数

$$e=\frac{v_2-v_1}{v_{10}-v_{20}}$$

两物体碰撞后的分离速度与两物体碰撞前的接近速度之比即为恢复系数。

当 $v_{20}=0$ 时，$\quad e=\dfrac{v_2-v_1}{v_{10}}$

e 的大小取决于碰撞物体的材料，其值在 0~1 之间，它的大小决定了动能损失的大小，当 $e=1$ 时，为完全弹性碰撞；$e=0$ 时，为完全非弹性碰撞。$0<e<1$ 时，为一般非弹性碰撞。

动量损失率：$\dfrac{\Delta p}{p}=\dfrac{m_1(v_{10}-v_1)-m_2 v_2}{m_1 v_{10}}$

动能损失率：$\dfrac{\Delta E}{E}=\dfrac{m_2(1-e^2)}{m_1+m_2}$

实验内容 ▶

1. 气垫导轨调平及数字毫秒计的使用。

气垫导轨调平：打开气源，放上滑块，观测滑块与轨面两侧的间隙，纵向水平调节双支角螺丝，横向水平调节单支脚，直到滑块在任何位置均保持不动或做极缓的来回滑动为止。动态法调平，滑块上装有挡光片，让滑块以缓慢的速度 v_0 先后通过两个相距 60 cm 的光电门，如果滑块通过两个光电门所用的时间相差小于 1 ms，便可以认为导轨已调平。

数字毫秒表调平:使用 U 型挡光片,计时方式选择 B 挡,记的是一个光电管被挡到第二个光电管被挡的时间间隔或一个光电管两次被挡的时间间隔。即经过距离所用的时间,复零方式有手动和自动两挡可选,置于手动时,数码管经一段时间后会自动恢复,时间从 0.1~3 秒连续可调。

2. 滑块上分别装上弹簧圈碰撞器,将小滑块 m_2 置于两个相距 40 cm 的光电门之间,使其静止,使大滑块 m_1 以速度 v_{10} 去碰撞 m_2,从计时器上读出碰撞前后通过 ΔS 距离所用的时间 Δt_{10}、Δt_1、Δt_{20},记录数据。

3. 重复 5 次测量,计算动量和动能损失,损失率小于 5% 即可以认为是守恒。

4. 将两个钢圈换成两个尼龙搭扣,重复上述实验。

5. 将两个尼龙搭扣换成非弹性碰撞器,

数据记录及处理

$m_1 =$

$b_1 =$

$m_2 =$

$b_2 =$

表 2-2-6   完全弹性碰撞

	1	2	3
Δt_{10} (ms)			
Δt_2 (ms)			
Δt_1 (ms)			
v_{10} (cm/s)			
v_2 (cm/s)			
v_1 (cm/s)			
$\Delta p/p$			
$\Delta E/E$			
e			

表 2-2-7　　　　　完全非弹性碰撞

	1	2	3
Δt_{10} (ms)			
Δt_2 (ms)			
Δt_1 (ms)			
v_{10} (cm/s)			
v_2 (cm/s)			
v_1 (cm/s)			
$\Delta p/p$			
$\Delta E/E$			
e			

表 2-2-8　　　　　一般非弹性碰撞

	1	2	3
Δt_{10} (ms)			
Δt_2 (ms)			
Δt_1 (ms)			
v_{10} (cm/s)			
v_2 (cm/s)			
v_1 (cm/s)			
$\Delta p/p$			
$\Delta E/E$			
e			

第三章 设计性实验

设计性实验是近几年来在大学物理实验教学改革中出现的一种新的实验教学方式。开设设计性实验主要着眼于"开发学生智能培养与提高学生科学实验能力和素质。"为了完成设计性实验,学生不仅需要有关理论与仪器方面的基础知识,还必须有一定的查阅资料、综合分析、推理判断、观察现象与分析现象的能力。学生自己提出方案,选择配套仪器,测试处理数据,写出小论文式的实验报告,可以开拓眼界,激发情趣,提高独创与进取精神,有利于创造性思维能力的提高。

设计性实验题目一般由实验室提出,学生根据所学知识按指定的实验题目、要求与提示内容查阅参考资料,了解实验室所能提供的设备仪器,确定实验方法。依据实验方法、不确定度的要求和客观条件,选择实验仪器。拟定实验程序,进行实验实践,并在实验中记录实验数据,检验方案的正确性与合理性,检验方案是否达到实验精度要求,最后写出比较完整的实验报告。

实验方案的确定一般应包括:实验方法和测量方法的选择,测量仪器和测量条件的选择,数据处理方法的选择,进行误差合理估算,拟定实验程序。

一、实验方法的选择

实验方法包括用什么物理规律去测量某一物理量,如何从直接测量量中算出间接测量量,以及用什么装置仪器与技巧测量直接测量量等方面。实验方法是设计实验首先需要考虑的问题。广博的物理学知识与丰富的实验经验有利于选择和确定"最佳"实验方法。"最佳"是指根据原定精度要求选择刚好符合要求的适当方法。

例如，设计性实验"重力加速度的研究"，可提供的方法有好多种：在单摆的摆长 L 与周期 T 的关系式中 $T=2\pi\sqrt{\dfrac{L}{g}}$；在三线摆的转动惯量 J 与周期 T 的关系式中 $J=\dfrac{mgRr}{4\pi^2 H}T^2$；在自由落体距离 s 与时间 t 的关系式中 $s=v_0 t+\dfrac{1}{2}gt^2$ 等都有重力加速度，我们可以按照上述的任何一种关系去测重力加速度。当然，使用的关系式不同，实验方法也就不同。

实验方法的确定与使用的实验装置、仪器、量具，以及由此引出的测量条件等多种因素有关。设计实验时，应将多种方案从多个方面进行比较，而后决定。上述三种测量重力加速度的方案中，以单摆方法所用的装置简单、操作方便、仪器价格低廉，而且测量准确度较高。为了达到误差小于 1% 的测量准确度，以用单摆测重力加速度的方法为好。

◆二、测量方法的选择

实验方法选定后，为使各物理量测量结果的误差最小，需要进行误差来源及误差传递的分析，并结合可能提供的仪器，确定合适的具体测量方法。例如：某课题研究中，要测量一个电压源的输出电压，要求测量结果的相对误差 $E_r\leqslant 0.05\%$，给定条件是：电压表 2.5 级，电位差计 0.01 级，可变标准电压源 0.01 级。根据给定条件，用前面已学过的知识，可设想运用直接与电压表比较或利用电位差计的补偿法测量。若用电压表直接比较法，由于 $E_r=\dfrac{\Delta U_x}{U_x}\leqslant 0.05\%$，要求所选用的电压表准确度等级为 0.05 级，而现有的电压表级别为 2.5 级，因此无法达到课题要求。若改用电位差计来进行，则能满足要求。

在仪器已确定的情况下，对某一量的测量若有几种测量方法可供选择，则应选取测量结果误差最小的那种方法。

◆ 三、实验装置、仪器与量具的选择

实验装置、仪器与量具是完成实验任务的必要工具。选择时应注意设备的实用性、价格,仪器的分辨率、精确度等几个方面。

1. 按照实验方法选择实验装置、仪器

在选定实验装置时,必须符合实验方法。例如,当确定用单摆测重力加速度时,除了需要有支架、悬线、小球外,还要有计时与测长的量具。要求摆线的倔强系数要大,以防摆球运动中悬线的长度发生变化;摆线要长,球的直径要小,以满足单摆的要求;小球材料的密度要大,以减弱小球在运动中粘滞力的影响等。

2. 按照预定的测量准确度选择仪器与量具

一般应根据课题要求的相对误差范围来确定仪器的量程、分辨率和精确度。

量程的选择应使仪器的量程略大于被测量。例如,若待测电流是 7 mA,我们选用准确度等级为 0.5 级,量程是 100 mA 的电流表,仪器的误差限为 $\Delta I = 100 \text{ mA} \times 0.5\% = 0.50 \text{ mA}$,相对误差为 $E = \dfrac{\Delta I}{I} = \dfrac{0.5}{7} \approx 7.1\%$;如果我们选用准确度为 1 级,量程为 10 mA 的电表,测量的相对误差 $E = \dfrac{10 \times 1\%}{7} \approx 1.4\%$。在本例条件下,用低准确度等级的仪表测量误差反而小于高准确度等级的仪表测量误差。这说明使仪表的量程略大于待测量可以提高测量的准确度,从而达到合理使用仪器的目的。

分辨率为仪器能够测量的最小值。精确度是以最大误差 $\Delta_仪$ 的标准误差 $\sigma_仪 = H_仪 / \sqrt{3}$ 和各自的相对误差表征。通常以相对误差范围来确定 $\sigma_仪$ 和 $\Delta_仪$,进而决定选用哪一种最合适的仪器或量具。在间接测量中,间接测量量的误差由各直接测量量的误差决定,选择仪器时要兼顾各直接测量量对间接测量量误差的影响。

◆ 四、测量条件的选择

确定测量的最有利条件,也就是确定在什么条件下进行测量引起的误差最小。这个条件可以由误差函数对各自变量求导并令

其为零而得到,对单元函数,只需求一阶和二阶导数,令一阶导数为零,解出相应的变量表达式,代入二阶导数式,若二阶导数大于零,则该表达式即为测量的有利条件。分析时多从相对误差着手。

◆ 五、测量数据的合理处理

在测量记录数据后,应对不同的数据处理方法进行分析,选择误差较小科学合理的数据处理方法。

例如:独立测得正方形的两边 X_1 和 X_2,它们的标准误差分别为 σ_{x1} 和 σ_{x2},求面积 A 及其标准误差 σ_A,这里 $X_1 \approx X_2 \approx X$,$\sigma_{x1} \approx \sigma_{x2} \approx \sigma_x$,现有四种数据处理方法:

(1) $A_1 = \overline{X_1}\,\overline{X_2}$ $\sigma_{A_1} = \sqrt{\overline{X_2}^2 \sigma_{x1}^2 + \overline{X_1}^2 \sigma_{x2}^2} = \sqrt{2}\,\overline{X}\sigma_X$

(2) $A_1 = \overline{X_1}^2$ 或 $\overline{X_2}^2$ $\sigma_{A2} = 2\overline{X_1}\sigma_{X1} = 2\overline{X_2}\sigma_{X2} = 2\overline{X}\sigma_X$

(3) $A_3 = \left(\dfrac{\overline{X_1}+\overline{X_2}}{2}\right)^2$ $\sigma_{A3} = \sqrt{\dfrac{(\overline{X_1}+\overline{X_2})^2 \sigma_{X1}^2}{4} + \dfrac{(\overline{X_1}+\overline{X_2})^2 \sigma_{X2}^2}{4}}$
$\approx \sqrt{2}\,\overline{X}\sigma_X$

(4) $A_4 = \dfrac{\overline{X_1}^2 + \overline{X_2}^2}{2}$ $\sigma_{A4} \approx \sqrt{2}\,\overline{X}\sigma_X$

可见,用方法(1)、(3)、(4)处理数据 σ_A 相同,但方法(1)更为合理。因为,加工一个正方形是主观上的要求,实际加工出来的却是一个矩形,矩形面积应为 $\overline{X_1}\,\overline{X_2}$,因此,不能用(3)或(4)两种处理方法。至于方法(2),从数学角度分析是可以的,但它计算结果误差较大。这是因为计算时只用了 $\overline{X_1}$ 或 $\overline{X_2}$ 一个数据,因而,在科学实验中不能随意丢掉已获得的测量值。

◆ 六、误差等量分配与实验仪器的配套

对间接测量来说,一个实验中常常有多个量需要测量,需要使用多种测量仪器,还应注意仪器的合理配套问题。

根据公式 $N = f(x,y,z,\cdots\cdots)$ 得:

$$\sigma_N = \sqrt{\left(\dfrac{\partial f}{\partial x}\right)^2 \sigma_x^2 + \left(\dfrac{\partial f}{\partial y}\right)^2 \sigma_y^2 + \left(\dfrac{\partial f}{\partial z}\right)^2 \sigma_z^2 + \cdots\cdots}$$

考虑仪器配套时仍采用误差等作用原理,各直接测量量 x,y,z

的误差对间接测量量的总误差的影响相同。

$$\sigma_N = \sqrt{n}\frac{\partial f}{\partial x}\sigma_x = \sqrt{n}\frac{\partial f}{\partial y}\partial_y = \cdots\cdots \quad (2\text{-}3\text{-}1)$$

由此,可根据制定被测量量 N 的标准误差 σ_N 或相对误差 E_N 的要求,计算各直接测量量的标准误差或相对误差。

$$\sigma_x = \frac{\sigma_N}{\sqrt{n}\frac{\partial f}{\partial x}}, \sigma_x = \frac{\sigma_N}{\sqrt{n}\frac{\partial f}{\partial x}} \cdots\cdots$$

$$E_x = \frac{E_N}{\sqrt{n}}, E_y = \frac{E_N}{\sqrt{n}} \cdots\cdots$$

例如,要求用秒表(周期为秒的摆)测量重力加速度 g 的结果精确到千分之五,则秒摆摆长和周期时间测量的仪器应如何配套?

根据题意,说明摆是秒摆,假定摆长 $L=100.0$ cm,故周期 $T \approx 2.00$ s,要求 g 的相对误差为 0.5%,即:$\sigma_g/g \leqslant 0.005$,给 g 预先定一个约数为 980 cm/s²,则:$\sigma_g = 4.90$ cm/s²,按理论公式:$g = \frac{4\pi^2 L}{T^2}$

由式(2-3-1)得:

$$\sigma_L = \frac{\sigma_g}{\sqrt{n}\frac{\partial g}{\partial L}} = \frac{4.90}{\sqrt{2}\frac{4\pi^2}{T^2}} = \frac{4.90}{\sqrt{2}\frac{4 \times 3.142^2}{2.00^2}} = 0.351 \text{ (cm)}$$

$$\sigma_T = \frac{\sigma_g}{\sqrt{2}\frac{\partial g}{\partial T}} = \frac{4.90}{\sqrt{2}\frac{8\pi^2 L}{T^3}} = \frac{4.90}{\sqrt{2}\frac{8 \times 3.142^2}{2.00^3} \times 100.0} = 0.003\ 51 \text{ (s)}$$

秒摆的摆长和周期的测量,应各选一种最接近计算结果的仪器,摆长可挑选最小分度值为毫米的米尺。周期若测摆动一个周期的时间,则应选 0.1 ms 的数字毫秒仪与之配套。若用积累放大测量法,测 50 个周期的时间则可选用 0.1 s 的秒表与之配套。

◆ 七、拟定实验程序

实验是一个有秩序的操作,观察与记录过程,必须事先拟定合理的试验程序。

对于许多有损检验来说,实验一直要进行到测试件被破坏为止,试件的破坏是一个不可逆转的过程。如果试件的参数在未破坏前没有测量,那么破坏后就可能无法再测,整个实验将无法进行。

铁磁质的磁化是一个不可逆过程。$B-H$关系不是一条唯一确定的曲线。铁磁质的磁化状态不仅与磁化时外磁场的强度H有关,还与磁化历史有关(前一时刻的磁化状态会影响此时刻的磁化状态)。铁磁质的饱和磁滞回线是一条特殊条件下的磁滞回线。这个特殊条件就是要保持外磁场呈周期性变化,而且变化顺序应是由小到大,再由大到小,又反向增大……。实验中,只要违反外磁场逐渐循环变化的规律,就会使$B-H$实验曲线偏离磁滞回线。

由此可见,合理的实验程序是获得正确实验结果的保证,甚至关系着实验的成败。实验前应该预料到实验进程中会出现的各种现象,事先拟定合理的实验程序以保证实验的正常进行。

实验十九 弹簧振子周期公式的研究

实验目的

1. 学习用实验手段总结经验公式、探索物理规律的方法。
2. 通过对曲线的"直化处理"和"线性回归法"建立起弹簧振子的实验公式。
3. 学会分析和评估测量结果。

实验仪器

焦利秤,物理天平,VAFN 多用数字测试仪,弹簧组(k 值不同的五个弹簧),砝码一盒,砝码盘(附挡光片)。

实验原理

在普通物理学中,我们知道一自由度的弹簧振子的无阻尼自由振动周期公式在 $m_s < m$ 情况下为

$$T = 2\pi \sqrt{\frac{m + \frac{1}{3}m_s}{k}} \qquad (2\text{-}3\text{-}2)$$

为了在实验上总结这个经验公式,我们用试探的方法,假定系统的振动周期 T 和 m、m_s 及 k 满足如下关系式

$$T = A k^\alpha (m + B m_s)^\beta \qquad (2\text{-}3\text{-}3)$$

式中,A、B、α 及 β 为待定常数。如果通过实验并进行数据处理找到上式中的四个常数的具体数值,并且均在测量结果的误差范围内,那么经验公式(2-3-3)的具体形式也就确定了。

将曲线"直化处理",对式(2-3-3)两边取对数,则有

$$\lg T = \lg A + \alpha \lg k + \beta \lg(m + B m_s) \qquad (2\text{-}3\text{-}4)$$

实验时,宜将各个因素区别开来分别处理。首先确定 B 值。乘积 $B m_s$ 为弹簧的等效质量,它和振子质量 m 一起对振子频率做

出贡献,B 称为弹簧的质量因子。为此,我们选定一个弹簧(k 和 m_s 为定值),改变振子质量 m 进行实验,测定它们的振动周期 T,可以根据测得的一组 $T-m$ 值定出弹簧质量因子 B。

将式(2-3-3)改写为

$$T=D(m+Bm_s)^{\beta} \quad (2\text{-}3\text{-}5)$$

若令 $C=Bm_s$,$b=\dfrac{1}{\beta}$,则上式变为

$$y+C=ax^b \quad (2\text{-}3\text{-}6)$$

这是幂函数型曲线的一般形式,只有在对数坐标 $\lg x-\lg(y+C)$ 中才呈现线性。为确定常数 C,作 $y\sim c$ 光滑曲线,在给定的曲线上选取三点:x_1、x_2 和 $x_3=\sqrt{x_1 x_2}$,即 x_3 为 x_1 和 x_2 的几何平均值,相应的纵坐标为 y_1、y_2 和 y_3。点 (x_1,y_1) 和 (x_2,y_2) 一般取在曲线的两个端点。由于选取的三点均在同一条幂函数曲线上,故有

$$y_1+C=ax_1^b$$
$$y_2+C=ax_2^b$$
$$y_3+C=ax_3^b$$

于是得:

$$C=\dfrac{y_1 y_2-y_3^2}{2y_3-(y_1+y_2)} \quad (2\text{-}3\text{-}7)$$

$$B=\dfrac{m_1 m_2-m_3^2}{2m_3-(m_1+m_2)}/m_s \quad (2\text{-}3\text{-}8)$$

由于我们对 m 和 T 的测量精度较高,其有效位数较多,根据 $T-m$ 曲线图比较精确的求得 m_3 是很困难的,为此常用线性内插法计算 m_3。具体方法是:精确地测定 (T_1,m_1)、(T_2,m_2) 之后,在 $T_3=\sqrt{T_1 T_2}$ 两侧附近找相当靠近的两点 (T_4,m_4) 和 (T_5,m_5),例如使 $\Delta m=m_5-m_4$ 在 1 克以下,在这样小的区间内 $T-m$ 图线可当作为一直线,即有

$$\dfrac{m_3-m_4}{m_5-m_4}=\dfrac{T_3-T_4}{T_5-T_4}$$

于是

$$m_3 = \frac{T_3 - T_4}{T_5 - T_4}(m_5 - m_4) + m_4 \qquad (2\text{-}3\text{-}9)$$

将求得的 B 值代入(2-3-4)式,采用倔强系数 k 不同的弹簧进行实验,作二元回归计算,确定 α、β 和 $\lg A$ 的值,并进一步得到 A 值。如果 A、B 和 α、β 值均在实验误差范围内,那么表示我们假设的经验公式(2-3-2)是正确的。反之说明我们开始的假设可能是错误的,需要重新建立数学模型进行试探。

实验内容

1. 用焦利秤静态测定弹簧的倔强系数 k 和用电光分析天平秤出其质量 m_s。
2. 选某一较小 k 值的弹簧,测 $T-m$ 值,定出常数 B。
3. 各组弹簧均在不同振子质量的情况下测 $T-m$ 值,然后将多组 (T,m) 数据进行回归计算,求出 α、β 和 A 值,并和理论值进行比较。

结果与分析

1. 弹簧质量因子 B 的测定

取 4 号弹簧,$m_s = (16.580 \pm 0.000\,1)\text{g}$,$k = 2.433\text{ N/m}$

$T_1 = (0.803\,94 \pm 0.000\,01)\text{s}$, $m_1 = (34.078\,7 \pm 0.000\,1)\text{g}$

$T_2 = (1.269\,00 \pm 0.000\,01)\text{s}$, $m_2 = (94.078\,7 \pm 0.000\,1)\text{g}$

$T_4 = (1.008\,24 \pm 0.000\,01)\text{s}$, $m_4 = (57.078\,7 \pm 0.000\,1)\text{g}$

$T_5 = (1.012\,23 \pm 0.000\,01)\text{s}$, $m_5 = (57.578\,7 \pm 0.000\,1)\text{g}$

经计算得:

$T_3 = (1.010\,040 \pm 0.000\,011)\text{s}$, $m_3 = (57.305\,4 \pm 0.001\,4)\text{g}$

$B = 0.346 \pm 0.014$,相对误差 $E_B = 40\%$。

2. 常数 α、β 和 A 的测定

经回归计算得:

$\lg A = (0.794 \pm 0.003)$, $A = (6.22 \pm 0.15)$

$\alpha = (-0.499 \pm 0.005)$, $\beta = (0.501 \pm 0.006)$

和理论公式(2-3-3)相比较,相对误差为
$E_A=0.80\%$, $E_\alpha=0.12\%$, $E_\beta=0.12\%$,

分析测定结果,各测定值与标准值之差均未越出随机误差范围,系统误差均不显著。所以可以得出结论,各测定值是可信的,测量误差都可用测量的随机性来解释。因此实验证明,我们开始假设式(2-3-3)是正确的,总结弹簧振子周期的经验公式表达式为
$T=6.22k^{-0.499}(m+0.346m_s)^{0.501}$

表 2-3-1

弹簧编号	m_s(g)	k(N/m)	m(g)	T(s)
1	25.698 7	3.831	64.078 7	0.869 99
			94.078 7	1.032 33
2	20.056 7	5.632	44.078 7	0.596 73
			64.078 7	0.703 24
3	22.067 1	4.401	54.078 7	0.742 74
			74.078 7	0.853 93
4	16.580 6	2.433	69.078 7	1.098 00
			79.078 7	1.170 10
5	11.437 2	4.520	49.078 7	0.681 63
			84.078 7	0.877 03

思考题

1. 测定弹簧倔强系数 k 时,先在弹簧下端加 20 g 砝码,把这时的弹簧长度作为原长有何好处?

2. 在周期测量中,你如何考虑并确定周期的测量个数?

实验二十 制作简易万用电表

实验目的

1. 掌握万用表的基本原理。
2. 通过设计安装和校准简易万用电表,以培养和提高学生的实验设计和动手能力。

实验仪器

磁电式微安表一块,元件和工具等。

实验要求

1. 设计并组装一块简易万用电表,其技术要求:
直流电流量程:10 mA,100 mA
直流电压量程:3 V,10 V
直流电阻:×1 Ω
2. 用 500 型(或其它型号)万用表的相应挡次校准,作出各挡的校准曲线。

设计与组装

1. 原理提示

对万用表各测量电路分别加以提示说明:

(1)直流电流挡:测直流电流时,电表与被测电路串联,被测电流的一部分流过分流器,另一部分流经表头,由表头直接指示。选用分流器中不同阻值的分流电阻,可以得到不同量程的电流挡。我们组装万用表时,要求用闭路抽头式接法,线路如图 2-3-1 所示,分流电阻的计算公式为

$$\frac{R_1}{R_2} = \frac{m_1}{m_2 m_1}$$

(2-3-10)

式中，m_1 为 R_2 处的量程，m_2 为 R_1 处的量程，分别以 10 mA 和 100 mA 代入上式，得：

$$\frac{R_1}{R_2} = \frac{1}{9}$$

（2）直流电压挡：测直流电压时，电表与被测电路并联，被测电压经分压器加到分流器和表头上，表头上的指示值即为被测电压的量值，选用不同阻值的分压电阻，可以得到不同量程的电压挡。

如图 2-3-2 所示，设计电压挡应以改装后的电流表的最小挡作为等效表头进行有关计算。

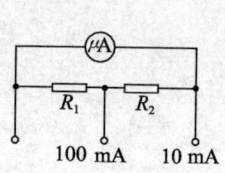 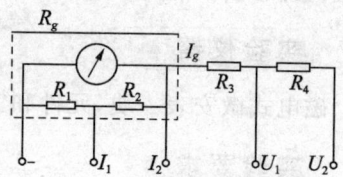

图 2-3-1　闭路抽头式接法　　图 2-3-2　万用表直流电压挡电路

注意，等效表头的量程 I_g' 和内阻 R_g' 与原表头参数不同。

$$R_g' = \frac{R_g(R_1 + R_2)}{R_1 + R_2 + R_g} \quad (2\text{-}3\text{-}11)$$

分压电阻

$$R_3 = \frac{U_1}{I_g'} - R_g' \quad (2\text{-}3\text{-}12)$$

$$R_4 = \frac{U_2 - U_1}{I_g'} \quad (2\text{-}3\text{-}13)$$

（3）欧姆挡：欧姆表测量电阻的基本原理如图 2-3-3 所示。I_g' 与 R_g' 为等效表头的参数，E 为干电池的电动势，R_0 为保护电阻，R_D 为调零变阻器，R_x 为被测电阻，可以接在 A、B 两端进行测量。

当把 A、B 两端短路时（即 $R_x = 0$），调节 R_D 使电表偏转至满刻度，这时电路中的电流为

$$I_g' = \frac{E}{R_0 + R_D + R_g'} \quad (2\text{-}3\text{-}14)$$

在接入被测电阻 R_x 后,电路中的电流为

$$I = \frac{E}{R_0 + R_D + R_g' + R_x} \quad (2\text{-}3\text{-}15)$$

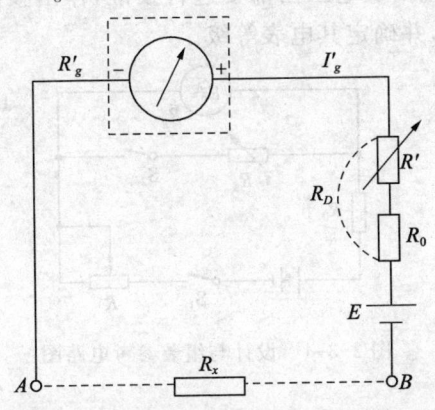

图 2-3-3 欧姆表测量电阻的基本原理图

显然,表头指针所指刻度与被测电阻值是一一对应的,如果表头的刻度用电阻值进行标定,就称为欧姆计。干电池的 E 值一般按 1.5 V 计算,可是新旧干电池的 E 值并不相同,在我们使用时可拟定其变化范围为 1.35~1.65 V。要在 E 的变化范围内都能有效地调节零点,即使最大值 $R_0 + R_D$ 与最小值 R_0 能满足在 1.35~1.65 V 范围内有效地进行零点调节。这种方法可以补偿零点偏移,但若还按原来刻度读数,则会产生较大的测量误差,为了不引起较大误差,应该选用适当的电路进行补偿,这部分内容在本实验中不作要求。

2. 设计与组装

(1) 先测定表头内阻 R_g,要求画出电路图,写出操作步骤,测出结果。参考电路见图 2-3-4(R_0 如何选取)

(2) 设计出简易万用电表的整体电路图,并根据计算,列出所需各元件的名称、型号、规格、数值。

(3) 设计出此简易万用表的配置图,组装万用电表并进行统调。对不合适的元件可经过统调更换。

(4)用白纸画出各量程刻度表(电阻挡的刻度可用 0~99 999.9 Ω 电阻箱逐一标定)并固定在原表盘上。

(5)对电流挡及电压挡都要进行校准,作出校准曲线,求出各挡的标称误差,并确定其电表等级。

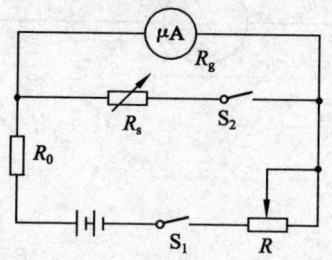

图 2-3-4 设计与组装参考电路图

3. 校准

用 500 型万用表的相应量程作标准表对组装表进行校准,列表并画出各量程的校准曲线。

例如:校准 100 mA 电流挡的刻度值。

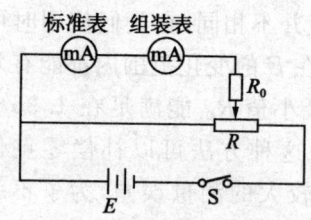
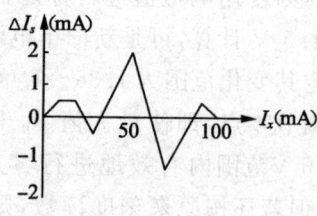

图 2-3-5 校准电路　　图 2-3-6 校准曲线

校准电路如图 2-3-5 所示。先校正两表的机械零点,然后调节 R 最大。闭合 S 调节 R,使组装表的读数先后为 $I_x = 10, 20 \cdots$, 100 mA,分别读取标准 I_s 的对应值。然后再调节 R 使组装表由 100 mA 依次减小到 10 mA,同时读取标准表对应的 I_s' 值,求其平均值 $\overline{I_s}$。计算各刻度对应的修正值 $\Delta I_x (\Delta I_x = \overline{I_s} - I_x)$,以 I_x 为横坐标,ΔI_x 为纵坐标,画出校准曲线,如图 2-3-6 所示。在利用组装表测量时,可按校准曲线对读数进行修正,得到较为准确的结果。

实验二十一 声速的测量

实验目的

1. 学会用共振干涉法和相位比较法测量空气中的声速。
2. 了解声速和气体参数的关系。

实验仪器

XD-7 低频信号发生器,示波器,数字频率计,超声声速测定仪,金属屏蔽线等。

超声声速测定仪,包括装在支架上的游标尺(量限为 500 mm,游标精度为 0.05 mm)。游标刀口下端有两只压电陶瓷换能器,换能器的作用在于把电振动和机械振动之间作对应转换。换能器的谐振频率(一般在 20~50 kHz)和功率应和低频信号发生器的频率范围和输出功率相配合。

实验原理

声波的速率 v,波长 λ,频率 f 之间的关系为

$$v=\lambda f \qquad (2\text{-}3\text{-}16)$$

频率 f 决定于波源,它由加在换能器上的低频信号频率所决定,其值可从频率计上直接读出。当由实验测定 λ 后,就可求出实验条件下的声速。实验通过两种方法测定 λ。

1. 驻波法(共振干涉法)

实验装置如图 2-3-7 所示,图中 S_1 和 S_2 为压电陶瓷超声换能器。S_1 与低频信号发生器连接,作为超声波源,发出平面正弦波。S_2 作为超声波接收头,把接收到的声压转换成交变的正弦电压信号后输入示波器观察。S_2 在接收超声波的同时还反射一部分超声波。这样,由 S_1 发出的超声波和由 S_2 反射的超声波在 S_1 与 S_2 之间的区域干涉而形成驻波。驻波相邻两波腹(或两波节)之间的距离为半波长。改变 S_1 与 S_2 之间的距离,在一系列特定的位置上,

接收面 S_2 上的声压达到极大值(或极小值)。相邻两极大值(或极小值)之间的距离为半波长 $\lambda/2$。当移动 S_2，使屏上波形的振幅出现最大、最小值时，就可确定波腹、波节的位置。而且可以求出两相邻波腹(波节)间距离，以确定波长。

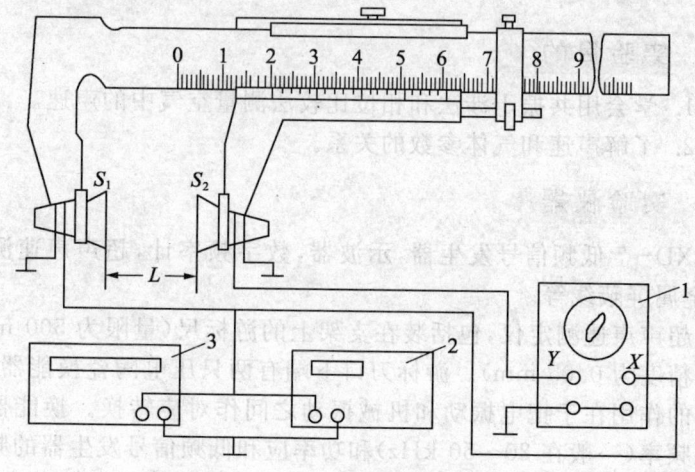

图 2-3-7　驻波法测声速实验装置
1—示波器；2—低频信号发生器；3—频率计

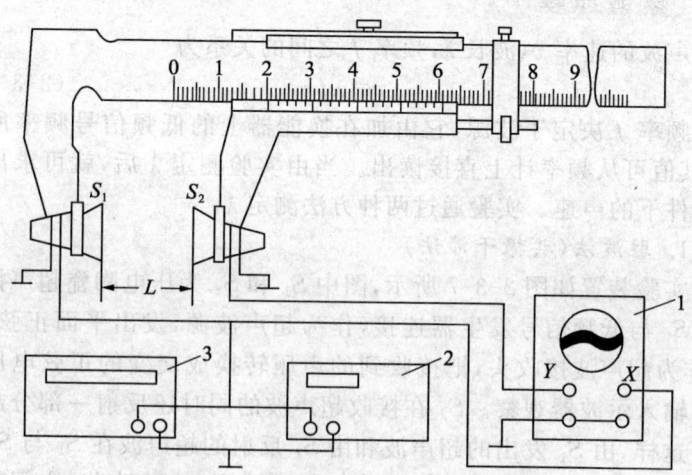

图 2-3-8　相位比较法测声速实验装置
1—示波器；2—低频信号发生器；3—频率计

2. 相位比较法

实验装置如图 2-3-8 所示。低频信号发生器接在 S_1 上,并同时与频率计、示波器的"X 轴输入"联接。S_2 把接收到的机械振动转变成相应的电信号,与示波器的"Y 轴输入"联接。

由于 S_2 受到的振动比 S_1 要滞后,所以两振动有位相差 $\Delta\varphi$,且满足

$$\Delta\varphi = 2\pi\frac{\Delta l}{\lambda} \qquad (2\text{-}3\text{-}17)$$

其中 Δl 为 S_1、S_2 之间的距离。这时光屏上所显示的是两垂直振动合成的利萨如图形。由于两谐振动的频率相同,则利萨如图形就比较简单。当改变 S_2 位置,$\Delta\varphi$ 随之发生变化,相应的图形也发生变化。移动 S_2 的距离 Δl 等于 λ 时,则对应 $\Delta\varphi = 2\pi$,其图形恢复原状。随着两个振动的位相差从零到 π 变化,图形从斜率为正的直线变为椭圆,再变到斜率为负的直线。位相差再从 π 到 2π,图形又从斜率为负的直线变为椭圆,再变到斜率为正的直线。为了便于判断,选择利萨如图形为直线的位相差作为测量的起点。S_1 与 S_2 的间距 Δl 每变化一个波长 λ 就会重复出现同样斜率的直线。于是,通过观察位相差的变化 $\Delta\varphi$,便可测出波长 λ。

3. 理想气体中的声速值

声波在理想气体中的传播可认为是绝热过程,由热力学理论可以导出速度为

$$v = \sqrt{\frac{\gamma RT}{\mu}}$$

式中 R 为摩尔气体常数,γ 是比热容之比 $\left(\gamma = \dfrac{C_p}{C_V}\right)$,$\mu$ 是空气的摩尔质量,T 为气体的开氏温度。若以摄氏温度 t 计算,则($T_0 = 273.15$ K)

$$v = \sqrt{\frac{\gamma R}{\mu}(T_0 + t)} = \sqrt{\frac{\gamma RT_0}{\mu}\left(1 + \frac{t}{T_0}\right)} = v_0\sqrt{1 + \frac{t}{T_0}}$$

对于空气,在标准大气压下 $t = 0\,℃$ 时,干燥空气中 $v_0 = 331.45$ m/s,因此有

$$v = 331.45\sqrt{1 + \frac{t}{T_0}} \qquad (2\text{-}3\text{-}18)$$

实验内容

1. 驻波法

(1) 按图接好线路,并调整两换能器平面使其平行,而且与游标尺移动方向垂直。

(2) 调整信号发生器、频率计、示波器,使其处于正常工作状态。

(3) 移动 S_2,使其靠近 S_1,但不可接触,以免改变 S_1 的谐振频率。

(4) 调节信号发生器的输出,使示波器荧光屏上有波形显示,仔细调整输出信号频率,使光屏上波形幅度最大。这时换能器处于谐振状态。再调整信号发生器或示波器有关旋钮,使波形幅度适当。

(5) 移动接受换能器 S_2 远离 S_1,同时记下示波器光屏上出现波形幅度最大的 S_2 的位置。要求最少测出 20 个数据,用逐差法计算 Δl,求得 $\bar{\lambda}$ 后,由 $\bar{v} = \bar{\lambda} f$ 计算声速 $\bar{v}$。

(6) 记下室温 t,由式 2-3-18 求出 $v_{理}$。再与测定值 $\bar{v}$ 比较,求出误差。

注意:在整个实验过程中要保持频率示数不变,并记下频率的值。

2. 相位比较法

(1) 按图接线,使 S_1、S_2 的平面基本平行而略有偏离,以免产生驻波使示波器上信号幅度变化过分悬殊。

(2) 调节示波器上"衰减"或"增益"旋钮,使光屏上图形大小适当便于观察。

(3) 参考驻波法中步骤(3),(4),使系统处于谐振状态,并记下频率计读数。

(4) 缓慢移动 S_2,使示波器所显示的利萨如图形呈斜直线,并记下游标尺读数 l_0,继续移动 S_2,当连续出现相同的斜直线图形时,记下相应的游标尺读数 $l_i(i=0,1,2,3,\cdots\cdots)$。

(5) 要求所测数据多于 10 个,并用逐差法计算 $\bar{\lambda}=\overline{\Delta l}$,根据读出的 f 值,用 $\bar{v}=\bar{\lambda}\bar{f}$ 计算 $\bar{v}$。

(6) 重做"驻波法"步骤(6)的内容。

思考题

1. 为什么要在换能器谐振状态下测声速?
2. 用共振干涉法测声速时,示波器上显示图形极大或极小时气柱处于什么状态?

附表：

表1 国际单位制

	物理量名称	单位名称	单位符号		用其它SI单位表示式
			中文	国标	
基本单位	长度	米	米	m	
	质量	千克〈公斤〉	千克〈公斤〉	kg	
	时间	秒	秒	s	
	电流	安培	安	A	
	热力学温标	开尔文	开	K	
	物质的量	摩尔	摩耳	mol	
	光强度	坎德拉	坎	cd	
导出单位	面积	平方米	米^2	m^2	
	速度	米每秒	米/秒	m/s	
	加速度	米每秒平方	米/秒^2	m/s^2	
	密度	千克每立方米	千克/米^3	kg/m^3	
	频率	赫兹	赫	Hz	
	力	牛顿	牛	N	m·kg·s^{-2}
	压力、压强、应力	帕斯卡	帕	Pa	N·m^{-2}
	功、能量、热量	焦尔	焦	J	
	功率、辐射通量	瓦特	瓦	w	
	电量、电荷	库仑	库	C	
	电位、电压、电动势	伏特	伏	V	
	电容	法拉	法	F	C·V^{-1}
	电阻	欧姆	欧	Ω	V·A^{-1}
	磁通量	韦伯	韦	Wb	V·s
	磁感应强度	特斯拉	特	T	Wb·m^{-2}
	电感	亨利	亨	H	Wb·A^{-1}
	光通量	流明	流	lm	cd·Sr
	光照度	勒克斯	勒	lx	lm·m^{-2}
	黏度	帕斯卡秒	帕·秒	Pa·s	
	表面张力系数	牛顿每米	牛/米	N/m	
	比热容	焦尔每千克开尔文	焦/〈千克·开〉	J/(kg·k)	
	热导率	瓦特每米开尔文	瓦/〈米·开〉	W/(m·K)	
	电容率〈介电常量〉	法拉每米	法/米	F/m	
	磁导率	亨利每米	亨/米	H/m	

表2 基本物理常数

量	符号	数值	单位	不确定度（ppm）
光速	c	$299\ 792\ 458 \times 10^8$	$m \cdot s^{-1}$	（精确）
真空磁导率	μ_0	$4\pi \times 10^{-7}$	$N \cdot A^{-2}$	（精确）
真空介电常数 $(1/\mu_0 c^2)$	ε_0	$8.854\ 187\ 817\ldots \times 10^{-12}$	$F \cdot m^{-1}$	（精确）
牛顿引力常数	G	$6.672\ 59(85) \times 10^{-11}$	$N \cdot m^2 \cdot kg^{-2}$	128
普朗克常数	h	$6.626\ 075\ 5(40) \times 10^{-34}$	$J \cdot s$	0.60
基本电荷	e	$1.602\ 177\ 33(49) \times 10^{-19}$	C	0.30
电子质量	m_e	$9.109\ 389\ 7(54) \times 10^{-31}$	kg	0.59
电子荷质比	$-e/m_e$	$-1.758\ 819\ 62(53) \times 10^{11}$	$C \cdot kg^{-1}$	0.30
质子质量	m_p	$1.672\ 623\ 1(10) \times 10^{-27}$	Kg	0.59
里德伯常数	R_∞	$1.097\ 373\ 153\ 4(13) \times 10^7$	m^{-1}	0.001 2
精细结构常数	α	$7.297\ 353\ 08(33) \times 10^{-3}$		0.045
阿伏加德罗常数	N_A, L	$6.022\ 136\ 7(36) \times 10^{-23}$	mol^{-1}	0.59
摩尔气体常数	R	$8.314\ 510(70)$	$J \cdot mol^{-1} \cdot k^{-1}$	8.4
玻耳兹曼常数 (R/N_A)	K	$1.380\ 658(12) \times 10^{-23}$	$J \cdot K^{-1}$	8.4
摩尔体积（理想气体）$T=273.15\ K$, $P=101\ 325\ Pa$	V_m	$22.414\ 10(29)$	$L \cdot mol^{-1}$	8.4
圆周率	π	$3.141\ 592\ 65$		
自然对数底	e	$2.718\ 281\ 83$		
对数变换因子	$\log_e 10$	$2.302\ 585\ 09$		
热功当量	J	$4.185\ 5$		
冰的熔解热	$\lambda(H_2O)$	$3.334\ 648 \times 10^5$	$J \cdot kg^{-1}$	
水在100℃时的气化热	$L(H_2O)$	$2.255\ 176 \times 10^6$	$J \cdot kg^{-1}$	

表3 20℃时金属的杨氏模量

金属	杨氏模量 E $\times 10^{11}(\text{N} \cdot \text{m}^{-2})$	金属	杨氏模量 E $\times 10^{11}(\text{N} \cdot \text{m}^{-2})$
铝	0.69~0.70	镍	2.03
钨	4.07	铬	235~2.45
铁	1.86~2.06	合金钢	2.06~2.16
铜	1.03~127	碳钢	1.96~2.06
金	0.77	康铜	1.60
银	0.69~0.80	铸钢	1.72
锌	0.78	硬铝合金	0.71

表4 水在不同温度时的密度

温度(℃)	密度($\times 10^3$ kg/m³)	温度(℃)	密度($\times 10^3$ kg/m³)	温度(℃)	密度($\times 10^3$ kg/m³)
0	0.999 87	30	0.995 67	65	0.980 59
3.98	1.000 00	35	0.994 06	70	0.977 81
5	0.999 99	38	0.992 99	75	0.974 89
10	0.999 73	40	0.992 24	80	0.971 83
15	0.998 13	45	0.990 25	85	0.968 65
18	0.998 62	50	0.988 07	90	0.965 34
20	0.998 23	55	0.985 73	95	0.961 92
25	0.997 07	60	0.983 24	100	0.958 38

表5　某些气体的折射率　　（$\lambda_0 = 589.3$ nm）

物质名称	折射率
空气	1.000 292 6
氢气	1.000 132
氮气	1.000 296
氧气	1.000 271
水蒸气	1.000 254
二氧化碳	1.000 488
甲烷	1.000 444

表6　海平面上不同纬度处的重力加速度

纬度(°)	$g(\text{cm/s}^2)$	纬度(°)	$g(\text{cm/s}^2)$	纬度(°)	$g(\text{cm/s}^2)$	纬度(°)	$g(\text{cm/s}^2)$
0	978.039	35	979.737	46	980.711	57	981.675
5	978.078	36	979.822	47	980.802	58	981.757
10	978.195	37	979.908	48	980.892	59	981.839
15	978.384	38	979.995	49	980.981	60	981.918
20	978.641	39	980.083	50	981.071	65	982.288
25	978.960	40	980.171	51	981.159	70	982.608
30	978.329	41	980.261	52	981.247	75	982.868
31	979.407	42	980.350	53	981.336	80	983.059
32	979.487	43	980.440	54	981.422	85	983.178
33	979.569	44	980.531	55	981.507	90	983.217
34	979.652	45	980.621	56	981.592		

表7 蒸馏水的表面张力系数与温度的关系（与空气接触）

温度(℃)	表面张力(×10⁻³N/m)	温度(℃)	表面张力(×10⁻³N/m)	温度(℃)	表面张力(×10⁻³N/m)	温度(℃)	表面张力(×10⁻³N/m)
-8	77.0	10	74.22	25	71.97	60	66.18
-5	76.4	15	73.49	30	71.18	70	64.40
0	75.6	18	73.05	40	69.56	80	62.60
5	74.9	20	72.75	50	67.91	100	58.90

表8 某些液体的折射率

物质名称	温度℃	折射率
水	20	1.333 0
乙醇	20	1.361 4
甲醇	20	1.328 8
乙醚	20	1.501 1
丙酮	22	1.351 0
二硫化碳	20	1.351 9
三氯甲烷	18	1.625 5
	20	1.446

表9 水的粘滞系数与温度的关系

温度(℃)	$\eta(\times 10^{-3}$ Pa·s)	温度(℃)	$\eta(\times 10^{-3}$ Pa·s)	温度(℃)	$\eta(\times 10^{-3}$ Pa·s)	温度(℃)	$\eta(\times 10^{-3}$ Pa·s)
0	1.787	25	0.890 4	50	0.546 8	75	0.378 1
1	1.728	26	0.870 5	51	0.537 8	76	0.373 2
2	1.671	27	0.851 3	52	0.529 0	77	0.368 4
3	1.618	28	0.832 7	53	0.520 4	78	0.363 8
4	1.567	29	0.814 8	54	0.512 1	79	0.359 2
5	1.519	30	0.797 5	55	0.504 0	80	0.354 7
6	1.472	31	0.780 8	56	0.496 1	81	0.350 3
7	1.428	32	0.764 7	57	0.488 4	82	0.346 0
8	1.386	33	0.749 1	58	0.480 9	83	0.341 8
9	1.346	34	0.734 0	59	0.473 6	84	0.337 7
10	1.307	35	0.719 4	60	0.466 5	85	0.333 7
11	1.271	36	0.705 2	61	0.459 6	86	0.329 7
12	1.235	37	0.691 5	62	0.452 8	87	0.325 9
13	1.202	38	0.678 3	63	0.446 2	88	0.322 1
14	1.169	39	0.665 4	64	0.439 8	89	0.318 4
15	1.139	40	0.652 9	65	0.433 5	90	0.314 7
16	1.109	41	0.640 8	66	0.427 3	91	0.311 1
17	1.081	42	0.629 1	67	0.421 3	92	0.307 6
18	1.053	43	0.617 8	68	0.415 5	93	0.304 2
19	1.027	44	0.606 7	69	0.409 8	94	0.300 8
20	1.002	45	0.596 0	70	0.404 2	95	0.297 5
21	0.977 9	46	0.585 6	71	0.398 7	96	0.294 2
22	0.954 8	47	0.575 5	72	0.393 4	97	0.291 1
23	0.932 5	48	0.565 6	73	0.388 2	98	0.287 9
24	0.911	49	0.556 1	74	0.383 1	99	0.284 8
						100	0.281 8

表10　各种液体的表面张力系数

物质	接触气体	温度(℃)	表面张力系数(×10⁻³N·m)	物质	接触气体	温度(℃)	表面张力系数(×10⁻³N·m)
Ag	空气	970	800	Hg_2	H_2	19	470
Al	空气	700	840		真空	60	467
Au	H_2	1 070	580~1 000	K	CO_2	62	411
Bi	H_2	300	388	N_2	蒸汽	−183	6.6
	H_2	583	354		蒸汽	−203	10.53
	CO	700~800	346	Na	CO_2	90	294
Br_2	空气,蒸汽	20	41.5		真空	100	206
Cd	H_2	320	630		真空	250	200
Cl_2	蒸汽	20	18.4	Ne	蒸汽	−248	5.50
	蒸汽	−60	31.2	O_2	蒸汽	−183	13.2
Cu	H_2	1 131	1 103		蒸汽	−203	18.3
Ca	CO_2	30	358	Pb	H_2	350	453
H_2	蒸汽	−255	2.31		H_2	750	423
H_2O	空气	10	74.22	Pt	空气	2 000	1 819
	空气	30	71.18		H_2	750	368
	空气	50	67.91	Sb	H_2	750	350
	空气	70	64.4		H_2	640	526
	空气	100	58.9	Sn	H_2	253	508
He	蒸汽	−269	0.12		H_2	878	753
	蒸汽	−2 715	0.353	Zn	空气	477	708
Hg	真空	0	480		空气	590	24.05
	空气	15	487	C_2H_5OH	蒸汽	0	21.89

表11　钠灯光谱线波长表

颜色	波长(nm)	相对强度
黄	588.00	强
	589.59	强

表12　部分液体的黏滞系数

液体	温度(℃)	$\eta(10^{-4}\mathrm{Pa\cdot s})$	液体	温度(℃)	$\eta(10^{-4}\mathrm{Pa\cdot s})$
汽油	0	1 788	甘油	−20	134×10^6
	18	530		0	121×10^5
甲醇	0	817		20	$1\ 499\times10^3$
	20	584		100	12 945
乙醇	−20	2 780	蜂蜜	20	650×10^4
	0	1 780		80	100×10^3
	20	1 190	鱼肝油	20	45 600
乙醚	0	296		80	4 600
	20	243	水银	−20	1 855
变压器油	20	19 800		0	1 685
蓖麻油	10	242×10^4		20	1 554
葵花子油	20	50 000		100	1 224

表13　各种气体的密度（1大气压下的数值，不注明者均为0℃）

物质	密度$(\mathrm{kg\cdot m^3})$	物质	密度$(\mathrm{kg\cdot m^3})$
Ar	1.783 7	Cl_2	3.214 0
H_2	0.089 9	NH_3	0.771 0
He	0.178 5	空气	1.293
Ne	0.900 3	乙炔 C_2H_2	1.173
N_2	1.250 5	乙烯 C_2H_6	1.356(10℃)
O_2	1.429 0	甲烷 CH_4	0.716 8
CO_2	1.977	丙烷 C_3H_5	2.009

表14 铜—康铜温差电偶的温差电动势〈自由端温度 $T_0=0℃$〉

$T(℃)$ / $\varepsilon(mV)$ / $T(℃)$	0	10	20	30	40	50	60	70	80	90	100
0	0.000	0.389	0.787	1.194	1.610	2.035	2.468	2.909	3.357	3.813	4.277
100	4.227	4.749	5.227	5.712	6.204	6.702	7.207	7.719	8.236	8.759	9.288
200	9.288	9.823	10.363	10.909	11.459	12.014	12.575	13.140	13.710	14.285	14.864
300	14.864	15.448	16.035	16.627	17.222	17.424	18.424	19.031	19.642	20.256	20.873

表15 金属和合金的电阻率及其温度系数

金属或合金	电阻率 ($\times 10^{-6}\Omega\cdot m$)	温度系数 ($℃^{-1}$)	金属或合金	电阻率 ($\times 10^{-6}\Omega\cdot m$)	温度系数 ($℃^{-1}$)
铝	0.028	42×10^{-4}	锡	0.12	44×10^{-4}
铜	0.0172	43×10^{-4}	水银	0.958	10×10^{-4}
银	0.016	40×10^{-4}	武德合金	0.52	37×10^{-4}
金	0.024	40×10^{-4}	钢(0.01～0.15%碳)	0.10～0.14	6×10^{-3}
铁	0.098	60×10^{-4}			
铅	0.205	37×10^{-4}	康铜	0.47～051	$(-0.04～+001)\times 10^{-3}$
铂	0.105	39×10^{-4}	铜锰镍合金	0.34～1.00	$(0.03～+002)\times 10^{-3}$
钨	0.055	48×10^{-4}	镍铬合金	0.98～1.10	$(0.03～0.4)\times 10^{-3}$
锌	0.059	42×10^{-4}			

表16　几种标准温差电偶

名称	分度号	100℃时的电动势(mV)	使用温度范围(℃)
铜—康铜(Cu55－Ni45)	CK	4.26	－200～300
镍铜(Cr9－10Si0.4Ni90)—考铜(Cu56－57Ni43－44)	EA－2	6.95	－200～800
镍铬(Cr9－10Si0.4Ni90)—镍硅(Si25－3C。<0.6Ni97)	EV－2	4.10	1 200
铂铑(Pt90Rh10)—铂	LB－3	0.643	1 600
铂铑(Pt70Rh30)—铂铑(Pt94Rh6)	LL－2	0.034	1 800

表17　某些固体和液体的比热容

物质	温度(℃)	$C(\times 10^2$ $J \cdot kg^{-1} k^{-1})$	物质	温度(℃)	$C(\times 10^2$ $J \cdot kg^{-1} k^{-1})$
铝(Al)	20	9.04	陶瓷	20～200	7.116～8.791
铁(Fe)	20	4.479	木材	20	12.558
金(Au)	18.15	1.296	水	25	41.73
银(Ag)	18.15	2.364	甲醇	20	24.7
铜(Cu)	18.15	3.850	乙醇	20	24.7
黄铜(Cu70Zn30)	0	3.696	乙醚	20	23.4
玻璃	20	5.9～9.2	变压器油	0～100	18.800
水泥	18～130	8.581	氟利昂-12	20	8.400

表18 部分电介质的相对介电常数

电介质	相对介电常数 ε	电介质	相对介电常数 ε
真空			
空气(1个大气压)	1.000 5	石蜡	20～23
氢(1个大气压)	1.000 27	硫磺	4.2
氧(1个大气压)	1.000 53	云母	6～8
氮(1个大气压)	1.000 53	硬橡胶	4.3
二氧化碳(1个大气压)	1.000 98	绝缘陶瓷	5.0～6.5
乙醇(无水)	25.7	玻璃	4～11
纯水	815	聚氯乙烯	3.1～35

表19 部分物质、材料制品的导热系数

名称	容重($kg \cdot m^{-3}$)	导热系数($J \cdot s^{-1} m^{-1} K^{-1}$)
空气(0℃)		2.4×10^{-2}
氢气(0℃)		1.4×10^{-1}
铝		2.0×10^{2}
铜		3.9×10^{2}
钢		4.6×10
钢筋混凝土	2 400	1.55
碎石混凝土	2 000	1.16
粉煤灰矿渣混凝土	1 930	0.70
大理石、花岗岩、玄武石	2 800	3.49
砂石、石英岩	2 400	2.03
重石灰岩	2 000	1.16
矿渣砖	1 400	5.8×10^{-2}
砂(湿度<1%)	1 600	8.1×10^{-1}
胶合板	600	1.7×10^{-1}
软木板	180	5.6×10^{-2}
沥青油毡	600	1.7×10^{-1}
石棉板	300	4.7×10^{-2}
聚氯乙烯	18.0	3.0×10^{-1}
聚氨脂	32.4	2.0×10^{-2}

表20　汞灯光谱线波长表

颜色	波长（nm）	相对强度	颜色	波长（nm）	相对强度
紫外部分	237.83	弱	紫外部分	292.54	弱
	239.95	弱		296.73	强
	248.20	弱		302.25	强
	253.65	很强		312.57	强
	265.30	弱		313.16	强
	269.90	弱		334.15	强
	275.28	弱		365.01	很强
	275.97	弱		366.29	强
	280.40	弱		370.42	弱
	289.36	弱		390.44	弱
紫	404.66	强	黄绿	567.59	弱
紫	407.78	强	黄	576.96	弱
紫	410.81	弱	黄	579.07	强
蓝	433.92	弱	黄	585.93	弱
蓝	434.75	弱	黄	588.89	弱
蓝	435.83	很强	橙	607.27	弱
青	491.61	弱	橙	612.34	弱
青	496.03	弱	橙	623.45	强
绿	535.41	弱	红	671.64	弱
绿	536.51	弱	红	690.75	弱
绿	546.07	很强	红	708.19	弱
红外部分	773	弱	红外部分	1 530	强
	925	弱		1 692	强
	1 014	强		1 707	强
	1 129	强		1 813	弱
	1 357	强		1 970	弱
	1 367	强		2 250	弱
	1 396	弱		2 325	弱

表21　某些合金的密度

物质	成分	密度×$10^3 kg/m^3$	物质	成分	密度×$10^3 kg/m^3$
铝铜合金	Al10,Cu90	7.69		Cu26.3,Zn36.6,Ni36.8	8.30
	Al5,Cu95	8.37	德银	Cu59,Zn30,Ni11	8.45
	Al3,Cu97	8.69		Cu63,Zn30,Ni6	8.30
黄铜	Cu70,Zn30	8.5～8.7	殷铜	Fe63.8,Ni36,C0.20	8.0
	Cu90,Zn10	8.6	铅锡合金	Pb87.5,Sn12.5	10.6
	Cu50,Zn50	8.2		Pb84,Sn16	10.33
青铜	Cu90,Sn10	8.78		Pb72.8,Sn22.2	10.05
	Cu85,Sn15	8.89		Pb63.7,Sn36.3	9.43
	Cu80,Sn20	8.74		Pb46.7,Sn53.3	8.73
	Cu75,Sn25	8.83		Pb30.5,Sn69.5	8.24
康铜	Cu60,Ni40	8.88	磷青铜	Cu79.7,Sn10,Sb9.5,P0.8	8.8
硬铝	Cu4,Mg0.5,Mn0.5	2.79	不锈钢	Cr18,Ni8	7.91

表22　各种液体密度

液体	温度℃	密度×$10^3 kg/m^3$	液体	温度℃	密度×$10^3 kg/m^3$
丙酮	20	0.792	汽油		0.66～0.69
酒精	20	0.791	牛奶		1.028～1.035
苯	0	0.899	海水	15	1.025
乙醚	0	0.736	蓖麻油	15	0.969

图书在版编目(CIP)数据

大学物理实验/刘延利,张晓红主编.—济南:山东科学技术出版社,2009.3(2016.重印)

ISBN 978-7-5331-5202-4

Ⅰ.大… Ⅱ.刘… Ⅲ.物理学—实验—高等学校—教材 Ⅳ.04-33

中国版本图书馆 CIP 数据核字(2009)第 033446 号

大学物理实验

主 编 刘延利 张晓红

主管单位:山东出版传媒股份有限公司
出 版 者:山东科学技术出版社
    地址:济南市玉函路 16 号
    邮编:250002 电话:(0531)82098088
    网址:www.lkj.com.cn
    电子邮件:sdkj@sdpress.com.cn
发 行 者:山东科学技术出版社
    地址:济南市玉函路 16 号
    邮编:250002 电话:(0531)82098071
印 刷 者:山东新华印刷厂潍坊厂
    地址:潍坊市潍州路 753 号
    邮编:261031 电话:(0536)2116806

开本:850mm×1168mm 1/32
印张:6.5
版次:2009 年 3 月第 1 版 2016 年 6 月第 6 次印刷

ISBN 978-7-5331-5202-4
定价:12.00 元